전기전자계열 전공자를 위한

벡터해석

원리와 응용 | 미분형 편

정영호 지음

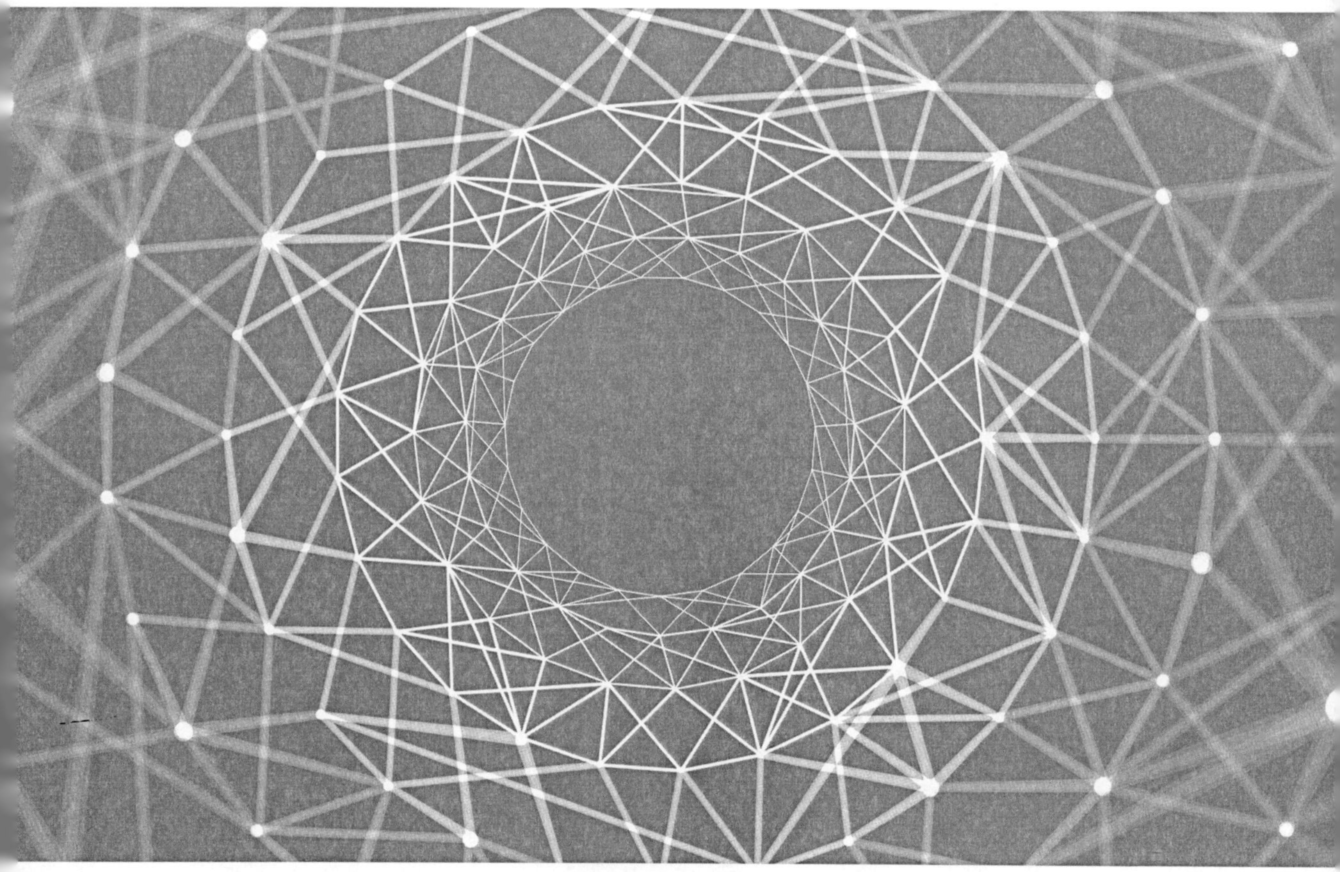

도서출판 홍릉

정영호 鄭英鎬

연세대학교 대학원을 졸업하고 공학박사학위를 취득하였다. 한국전력공사 책임연구원을 지냈으며 2008년부터 한국교통대학교 전기공학과 교수로 재직하고 있다. 미국 Westinghouse AST & Pennsylvania State Univ.의 Advanced School of Power System Engineering 과정, MIT의 Project and Investment Management 과정, 일본 전력중앙연구소의 배전기술과정 등을 이수하였다. 제5회 아시아남자배구선수권대회 영어통역원, 한국조명·전기설비학회 이사, 한국전기전자재료학회 부회장 등을 역임하였으며, 캐나다 Univ. of Waterloo 객원연구원(visiting scholar)을 지냈다.

전기전자계열 전공자를 위한

벡터해석 원리와 응용 미분편

인 쇄: 2020년 12월 22일 초판 1쇄
발 행: 2020년 12월 28일 초판 1쇄

저 자: 정영호
발행인: 송 준
발행처: 도서출판 홍릉
주 소: 01093 서울시 강북구 인수봉로 50길 10
등 록: 1976년 10월 21일 제5-66호

전 화: 02-999-2274~5, 903-7037
팩 스: 02-905-6729
e-mail: hongpub@hongpub.co.kr
http://www.hongpub.co.kr
ISBN: 979-11-5600-815-6(93410)

정 가: 15,000원

본 교재는 2020년도 산업통상자원부의 재원으로 한국에너지기술평가원 (KETEP)의 지원을 받아 수행한 과제(과제번호 20184030202270)의 결과물로 제작되었습니다.

서문

벡터해석은 이공계 전공자라면 필수적으로 학습해야 하는 기초수학 과목이다. 이공계 대학에서 다루는 공학적 현상이나 물리적 현상을 벡터라는 수학적 도구를 이용하면 간결하고 부족하지 않게 표현하고 형상화 할 수 있으므로 우리가 벡터해석에 대한 지식이 있어야 전공 공부를 할 때 어려움을 격지 않고 학습하거나 응용력이 생길 수 있게 된다.

이공계 대학생이 대학에서 학습하는 수학은 교양과정에서 다루는 수학 내지 공업수학이라는 제목의 두툼한 책을, 한 학기 또는 두 학기 동안 빠르게 책 전체의 내용을 학습하는 것이 현실이다. 그러나 이러한 과정에서 나오는 벡터에 관한 내용은 깊이 있게 다루어지지 않거나 학습자가 충분히 이해하지 못하고 넘어가는 경우가 있어 학습자가 전공과목에서 벡터를 응용하는 데 어려움을 격게 되는 경우를 주변에서 자주 본다. 벡터를 깊이 있게 이해하지 못하다보니 벡터가 나오면 회피하려 하고 벡터가 나오지 않는 전공도서를 찾는 이마저 있다. 그러다 보니 벡터를 기반으로 기술되어야 할 전공서적이 벡터를 빼고 알기 쉽게 설명했다고 하는 책도 나와 있는 것이 현실이다. 그러나 전기전자계열의 필수과목인 전자기학 또는 전자장과 같은 책에서 다루는 전계 또는 자계에 관한 내용은 온통 벡터로 표기되어 있고 벡터해석을 제대로 학습하지 않으면 이런 전공과목을 심도 있게 학습할 수 없게 된다. 공학, 특히 전기전자계열의 책 중에서 전공서적을 학습하기 위한 디딤돌이 될 벡터해석을 상세히 기술한 책이 많지 않은 상황에서 학습자들은 벡터연산을 이해하고 문제를 해결하기에 어려움이 많다고 생각된다.

이 책은 수학을 전공하는 이를 위한 책이 아니며 벡터해석 전체를 다루려는 것이 아니다. 벡터로 인하여 전공과목 학습을 꺼려하는 이공계 학습자가 벡터해석에 관한 기반을 다져 전공과목을 쉽게 이해할 수 있도록 하려는 것이다. 전공 관련 벡터해석에 관한 기본적 내용을 미분형을 위주로 상세하고 알기 쉽게 전개하였다. 독자들이 이 책을 학습하고 나서 벡터관련 전공과목 내용을 좋아하기 바란다. 본 교재의 미비한 부분이나 수정을 요하는 부분이 있으면 독자들의 의견을 들어 보완하고자 한다.

끝으로 바쁜 일정 중에 본 교재의 출간을 위해 애써주신 도서출판 홍릉 관계자 분들께 감사드린다.

한국교통대학교 정영호

차례

제1장 벡터대수 기본사항

제2장 벡터의 내적과 응용

차례

제5장 벡터함수의 미분과 응용

제6장 벡터함수로서의 경도(gradient), 발산(divergence), 회전(curl)

제1장

벡터 대수 기본사항

1.1 스칼라와 벡터의 기본 개념

물리학이나 공학에서 다루는 물리량(physical quantities)을 두 그룹으로 나누어 생각해보자.

첫째, 거리, 속력, 질량, 시간, 온도, 전하량, 정전용량, 전위, 전하밀도 …
둘째, 속도, 가속도, 힘, 운동량, 전계의 세기, 자계의 세기, 전류밀도 …

첫째 그룹에 분류된 물리량과 둘째 그룹에 분류된 물리량을 크기와 방향의 관점에서 살펴보면 어떤 차이가 있을까? 거리, 질량, 시간, 온도, 전압과 같은 물리량은 그저 크기만 나타내주면 된다. 예를 들어 부산에서 서울까지의 거리를 나타낼 때 단지 그 크기만 표시하면 된다. 이렇게 방향은 고려하지 않고 그 크기만을 하나의 실수로 나타낼 수 있는 물리량을 **스칼라**(scalar) 또는 스칼라량이라고 한다. 반면에 속도, 가속도, 힘, 운동량, 전계의 세기와 같은 물리량은 크기와 방향을 함께 나타내야 한다. 예를 들어 속력과 속도는 다른 물리량이다. 즉, 단위 시간 당 이동한 거리를 나타내는 속력(speed)과 달리 속도(velocity)란 물체의 속력과 방향을 동시에 표시해야 하는 물리량이다. 이처럼 크기와 공간 내의 방향을 갖는 물리량을 **벡터**(vector) 또는 벡터량이라 한다.

1.2 벡터의 연산

1.2.1 벡터의 표시와 종류

스칼라와 달리 벡터는 크기 외에 방향을 갖는 물리량이므로 벡터를 나타낼 때는 다음과 같이 볼드체 문자, 또는 문자 위에 화살표와 같은 기호를 병기한다.

$$\boldsymbol{A}, \boldsymbol{B}, \boldsymbol{C} \quad \vec{A}, \vec{B}, \vec{C} \quad \text{또는} \quad \boldsymbol{a}, \boldsymbol{b}, \boldsymbol{c} \quad \vec{a}, \vec{b}, \vec{c}$$

벡터를 나타낼 때 책과 같은 인쇄물에서는 통상 볼드체 문자로 표시하고 노트에 적을 때는 문자 위에 화살표를 하여 나타낸다. 여기서는 문자 위에 화살표를 하여 벡터를 나타내기로 한다. 크기와 방향이 같은 두 벡터 $\vec{a}$와 $\vec{b}$는 시점(initial point)이 다르더라도 같은 벡터이고 $\vec{a}=\vec{b}$로 나타낸다. $\vec{a}=\vec{b}$일 때 두 벡터는 같다 또는 상등(相等)하다라고 한다. 다음 그림에서 상등의 벡터는 그림 (A)이고 (B), (C), (D)는 모두 다른 벡터이다.

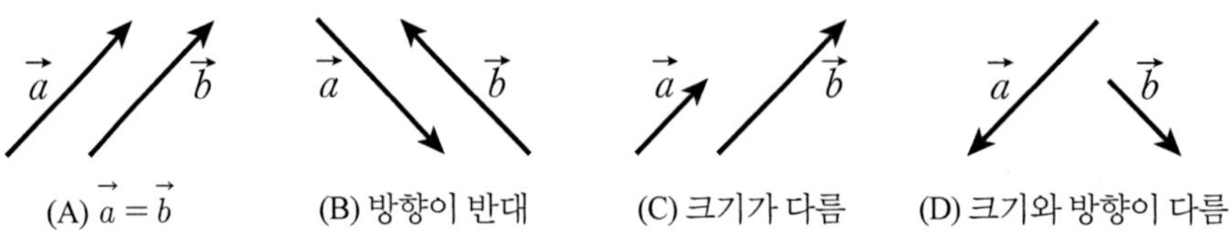

그림 1.1

아래 그림과 같이 공간 위의 시점(initial point)이 A이고 종점(terminal point)이 B인 벡터를 생각한다. A에서 B로 향하는 선분을 유향선분(directed line segment)이라 하며 $\overrightarrow{AB}$로 나타낸다.

xyz 직교좌표계에서 원점 O를 시점으로 하는 공간 위의 점 p의 위치를 나타내기 위하여 사용되는 벡터 $\vec{r} = \overrightarrow{OP}$를 **위치벡터**(position vector)라 한다.

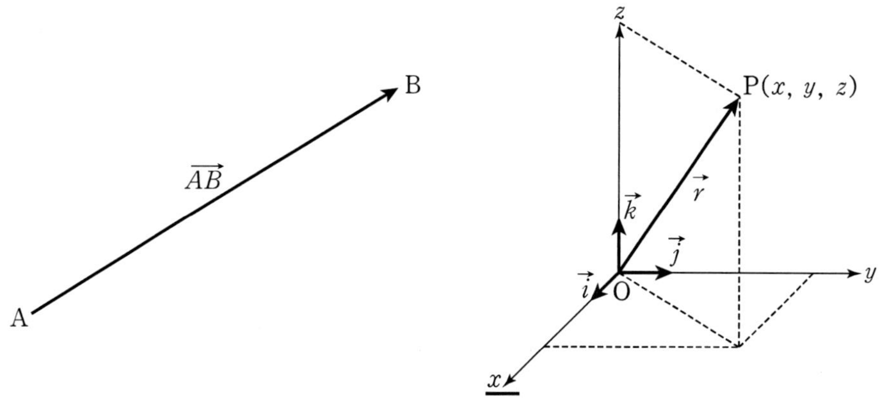

그림 1.2

1.2.2 벡터의 합과 차

벡터는 크기뿐만 아니라 방향을 갖는 물리량이므로 두 벡터를 더하거나 뺄 때 크기만이 아니라 방향을 고려하여야 한다. 여기서는 기하학적인 방법으로 더하거나 빼는 방법을 생각한다.

(1) 벡터의 합

두 벡터 $\vec{a}$와 $\vec{b}$가 있을 때 두 벡터의 꼬리(tail)을 일치시킨 후 평행사변형을 그리고 일치된 꼬리에서 마주 보이는 점까지의 벡터가 벡터 $\vec{a}$와 벡터 $\vec{b}$의 합, $\vec{a}+\vec{b}$이다. 이러한 방법을 평행사변형의 법칙이라고도 한다.

두 벡터 $\vec{a}$와 $\vec{b}$가 있을 때 두 벡터를 합하는 또 하나의 방법은 벡터 $\vec{a}$의 머리(head)에 벡터 $\vec{b}$의 꼬리를 붙인 후 벡터 $\vec{a}$의 꼬리에서 벡터 $\vec{b}$의 머리까지 벡터를 그려주면 그 결과가 벡터 $\vec{a}$와 벡터 $\vec{b}$의 합이 된다. 이러한 방법을 삼각형의 법칙이라고도 한다.

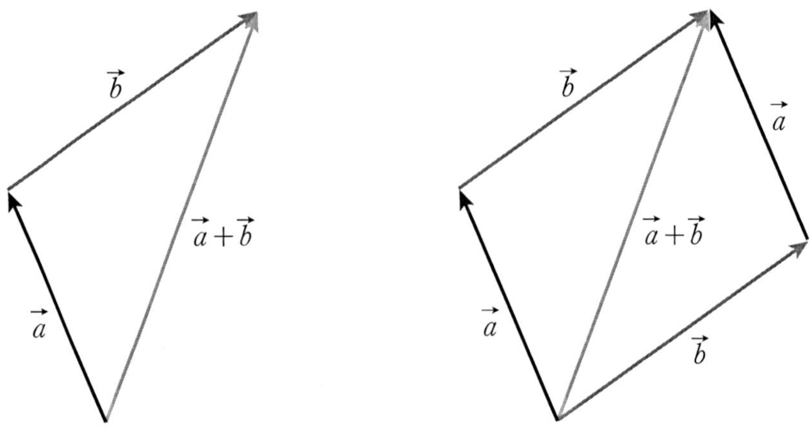

그림 1.3

(2) 벡터의 뺄셈

벡터 $\vec{a}$에서 벡터 $\vec{b}$를 뺀다는 것은 벡터 $\vec{a}$에 벡터 $\vec{b}$와 방향이 반대인 벡터 $-\vec{b}$를 합하는 것과 같다. 즉 $\vec{a}-\vec{b}=\vec{a}+(-\vec{b})$이다. 따라서 아래 그림처럼 벡터 $\vec{a}$의 머리(head)에 벡터 $-\vec{b}$의 꼬리를 붙인 후 벡터 $\vec{a}$의 꼬리에서 벡터 $-\vec{b}$의 머리까지 벡터를 그려주면 그 결과가 벡터 $\vec{a}$와 벡터 $\vec{b}$의 차가 된다. 또는 두 벡터의 시점(꼬리)를 일치시킨 후 벡터 $\vec{b}$에서 벡터 $\vec{a}$를 향하는 벡터를 그려도 동일한 결과가 된다. 또 다른 방법은 $\vec{a}-\vec{b}=\vec{a}+(-\vec{b})$이므로 두 벡터의 시점을 일치시키고 벡터 $\vec{b}$와 크기가 같고 방향이 반대인 벡터 $-\vec{b}$를 그린 후 평행사변형의 법칙을 이용하여 두 벡터를 합해도 $\vec{a}-\vec{b}$의 결과가 된다.

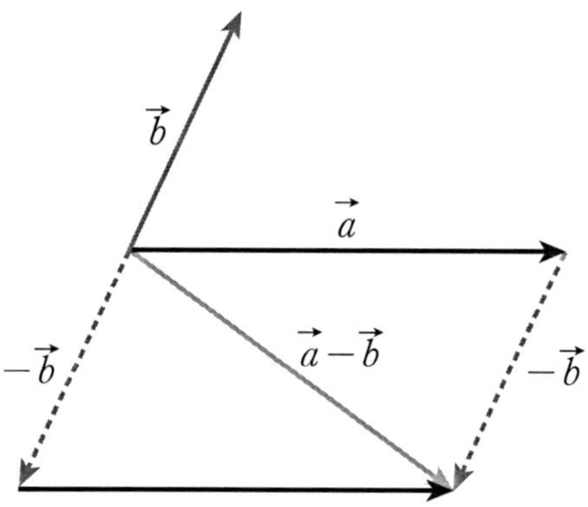

그림 1.4

1.2.3 단위벡터와 벡터의 크기

벡터 연산을 할 때 길이 또는 크기가 1인 벡터를 사용하여야 할 때가 많이 있다. 길이가 1인 벡터를 **단위벡터**(unit vector)라 한다. 벡터 $\vec{A}$가 있을 때 이 벡터는 길이 A와 벡터 $\vec{A}$의 방향을 나타내는 단위벡터 $\vec{a}_A$를 사용하여 다음과 같이 나타낼 수 있다. 아래 표기에서는 문자 위에 화살표를 표시하여 벡터를 나타내었다.

$$\vec{A} = A\vec{a}_A, \text{ 단위벡터 } \vec{a}_A = \frac{\vec{A}}{A}$$

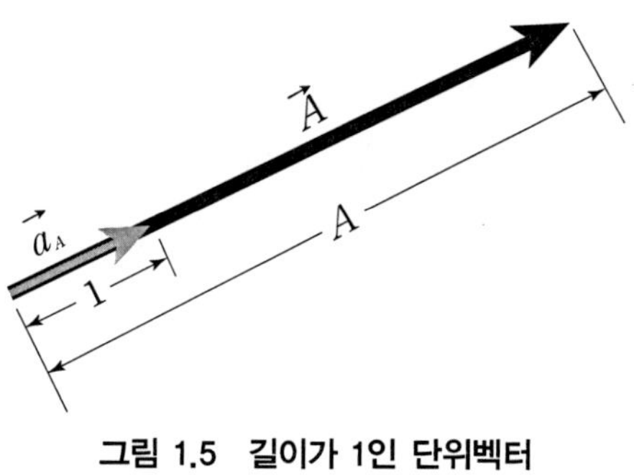

그림 1.5 길이가 1인 단위벡터

벡터의 크기는 벡터에 절댓값 부호를 붙여 나타내기도 하며 단순히 문자로 나타내기도 한다. 벡터의 크기를 노름(norm)이라고도 한다.

벡터 $\vec{A}$의 크기(magnitude, length) : $|\vec{A}|$

1.2.4 벡터의 성분과 연산

두 개 이상의 벡터의 합, 차, 곱 등의 연산을 할 때 어떤 벡터를 구성하고 있는 각 방향의 성분을 안다면 같은 방향의 성분끼리 연산하면 쉽게 결과 값을 알 수 있다. 하나의 벡터는 평면에서는 2개, 공간에서는 3개의 벡터로 분해할 수 있다. $\vec{a}$, $\vec{b}$ 두 벡터의 합이 $\vec{a}+\vec{b}=\vec{c}$가 되면 역으로 결과 벡터 $\vec{c}$는 $\vec{a}$와 $\vec{b}$로 분해할 수 있는 것이다. 직교좌표계로 나타내지는 3차원 공간상에 벡터 $\vec{A}$가 있을 때 벡터 $\vec{A}$는 x, y, z 축에 평행하고 각 축의 양의 방향으로 향하는 세 개의 벡터로 분해하여 표시할 수 있다. 이렇게 분해된 세 개의 벡터의 크기를 각각 A_x, A_y, A_z라 하고 x, y, z 각 방향의 단위벡터를 각각 $\vec{a}_x$, $\vec{a}_y$, $\vec{a}_z$라 하면 벡터 $\vec{A}$는 다음과 같이 표기된다.

$$\vec{A}=A_x\vec{a}_x+A_y\vec{a}_y+A_z\vec{a}_z \tag{1-1}$$

x, y, z 각 방향의 단위벡터는 각각 $\vec{a}_x$, $\vec{a}_y$, $\vec{a}_z$로 표기하는 외에 $\vec{i}$, $\vec{j}$, $\vec{k}$ 또는 $\hat{i}$, $\hat{j}$, $\hat{k}$로 표기하기도 한다. 세 개의 벡터의 크기를 각각 A_x, A_y, A_z라 하고 x, y, z 각 방향의 단위벡터를 각각 $\vec{i}$, $\vec{j}$, $\vec{k}$라 하면 벡터 $\vec{A}$는 다음과 같이 표기된다.

$$\vec{A}=A_x\vec{i}+A_y\vec{j}+A_z\vec{k} \tag{1-2}$$

또한 벡터 $\overrightarrow{A}$는 x, y, z 방향의 각 성분을 괄호 안에 넣어 다음과 같이 표기하기도 한다.

$$\overrightarrow{A} = [A_x, A_y, A_z] \tag{1-3}$$

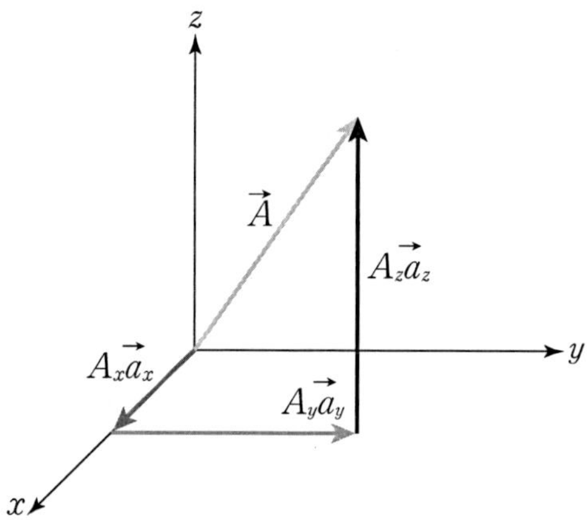

그림 1.6

벡터 $\overrightarrow{A}$의 크기는 피타고라스의 정리를 사용하면 다음과 같이 됨을 알 수 있다.

$$|\overrightarrow{A}| = A = \sqrt{A_x^2 + A_y^2 + A_z^2} \tag{1-4}$$

벡터 $\overrightarrow{A}$의 단위벡터 $\overrightarrow{a}_A$는 벡터 $\overrightarrow{A}$를 이 벡터의 크기로 나눠주면 구할 수 있다.

$$\overrightarrow{a}_A = \frac{\overrightarrow{A}}{A} = \frac{\overrightarrow{A}}{\sqrt{A_x^2 + A_y^2 + A_z^2}} \tag{1-5}$$

두 벡터 $\overrightarrow{A}$와 $\overrightarrow{B}$를 각 방향으로의 성분과 단위벡터를 사용하여

$$\overrightarrow{A} = A_x\overrightarrow{a_x} + A_y\overrightarrow{a_y} + A_z\overrightarrow{a_z} \tag{1-6}$$

$$\vec{B} = B_x \vec{a}_x + B_y \vec{a}_y + B_z \vec{a}_z \tag{1-7}$$

로 나타낼 때 두 벡터의 합이나 차는 같은 방향의 성분끼리 연산한다.

$$\vec{A} + \vec{B} = (A_x + B_x)\vec{a}_x + (A_y + B_y)\vec{a}_y + (A_z + B_z)\vec{a}_z \tag{1-8}$$

$$\vec{A} - \vec{B} = (A_x - B_x)\vec{a}_x + (A_y - B_y)\vec{a}_y + (A_z - B_z)\vec{a}_z \tag{1-9}$$

0(영)과 $\vec{0}$(영벡터)는 다른 것이다. **영**(0)은 크기가 0인 스칼라이지만 **영벡터**($\vec{0}$)는 크기는 0이고 방향은 임의의 방향인 벡터이다. 예를 들어 시점이 A이고 종점도 A여서 시점과 종점이 일치하는 벡터 $\overrightarrow{AA}$는 영벡터이다. 영벡터는 모든 성분이 0인 벡터이며 벡터공간에서 덧셈의 항등원이다. 벡터 $\vec{A}$와 벡터 $-\vec{A}$를 합하는 연산을 하면 $\vec{A} + (-\vec{A}) \equiv \vec{0}$이다.

두 개 이상의 벡터 $\vec{A}$, $\vec{B}$, $\vec{C}$에 대하여, 벡터 합(vector addition)의 기본성질은 다음과 같다.

1. $\vec{A} + \vec{B} = \vec{B} + \vec{A}$
2. $(\vec{A} + \vec{B}) + \vec{C} = \vec{A} + (\vec{B} + \vec{C})$
3. $\vec{A} + \vec{0} = \vec{0} + \vec{A}$
4. $\vec{A} + (-\vec{A}) = (-\vec{A}) + \vec{A} = \vec{0}$

어떤 벡터 $\vec{A}$에 어떤 실수 c를 곱하여 벡터 $\vec{A}$가 $c\vec{A}$로 되는 것을 벡터의 실수배 또는 스칼라곱이라 한다. 임의의 벡터 $\vec{A} = A_x \vec{a}_x + A_y \vec{a}_y + A_z \vec{a}_z$에 실수 c를 곱하여 얻는 벡터 $c\vec{A}$는 각 성분에 c를 곱하여 얻는다.

$$c\vec{A} = cA_x\vec{a}_x + cA_y\vec{a}_y + cA_z\vec{a}_z = [cA_x,\ cA_y,\ cA_z] \tag{1-10}$$

벡터의 실수배의 성질은 다음과 같다.

1. $\vec{A} \neq \vec{0}$일 때, 실수 c에 대하여

(i) $c>0$이면, $c\vec{A}$는 $\vec{A}$와 방향이 같고, 크기가 $c|\vec{A}|$인 벡터이다.

(ii) $c<0$이면, $c\vec{A}$는 $\vec{A}$와 방향이 반대이고, 크기가 $c|\vec{A}|$인 벡터이다.

(iii) $c=0$이면, $c\vec{A}=0$이다.

2. $\vec{A}=\vec{0}$일 때, 임의의 실수 c에 대하여 $c\vec{A}=\vec{0}$이다.

이 외에 실수 c, k와 두 벡터 $\vec{A}$, $\vec{B}$에 대하여 벡터의 실수배의 기본성질은 다음과 같다.

1. $c(\vec{A}+\vec{B}) = c\vec{A}+c\vec{B}$
2. $(c+k)\vec{A} = c\vec{A}+k\vec{A}$
3. $c(k\vec{A}) = ck\vec{A}$

예제

벡터의 합과 차로 구성된 $2(3\vec{a}+2\vec{b})-3(2\vec{a}-\vec{b})$ 벡터를 간단히 하여라.

풀이 $2(3\vec{a}+2\vec{b})-3(2\vec{a}-\vec{b}) = 6\vec{a}+4\vec{b}-6\vec{a}+3\vec{b}$

$= (6-6)\vec{a}+(4+3)\vec{b} = 0\vec{a}+7\vec{b} = 7\vec{b}$

3차원 직교좌표 공간상에 벡터 $\vec{a}$가 있고 벡터 $\vec{a}$의 시점이 $P_1(x_1, y_1, z_1)$, 종점이 $P_2(x_2, y_2, z_2)$일 때 벡터 $\vec{a}$의 성분과 크기를 구해본다.

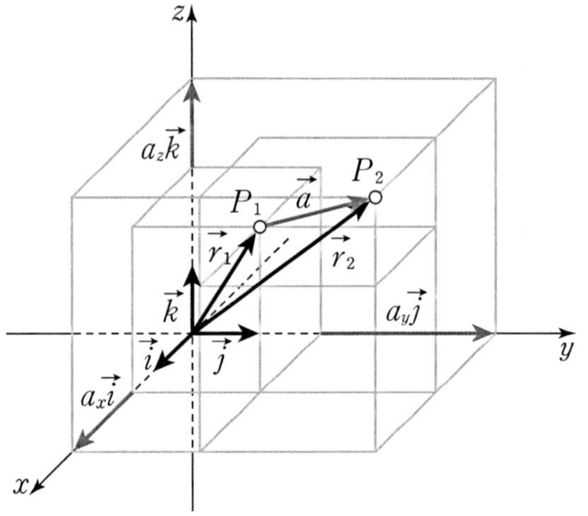

그림 1.7

그림에서 벡터 $\vec{a}$의 x, y, z축으로의 성분을 각각 a_x, a_y, a_z라 하면 벡터 $\vec{a}$는

$$\vec{a}= a_x\vec{i}+a_y\vec{j}+a_z\vec{k} \tag{1-11}$$

이고 벡터 $\vec{a}$는 $\vec{a}=\vec{r}_2-\vec{r}_1$이다.

$\vec{r}_1=x_1\vec{i}+y_1\vec{j}+z_1\vec{k}$ 이고, $\vec{r}_2=x_2\vec{i}+y_2\vec{j}+z_2\vec{k}$이므로

$$\begin{aligned}\vec{a}&=\vec{r}_2-\vec{r}_2=(x_2\vec{i}+y_2\vec{j}+z_2\vec{k})-(x_1\vec{i}+y_1\vec{j}+\vec{z}_1)\\&=(x_2-x_1)\vec{i}+(y_2-y_1)\vec{j}+(z_2-z_1)\vec{k}\end{aligned} \tag{1-12}$$

$$\vec{a}=a_x\vec{i}+a_y\vec{j}+a_z\vec{k}=(x_2-x_1)\vec{i}+(y_2-y_1)\vec{j}+(z_2-z_1)\vec{k} \tag{1-13}$$

이다. 따라서 벡터 $\vec{a}$의 각 성분은 다음과 같다.

$$a_x = x_2 - x_1,\ a_y = y_2 - y_1,\ a_z = z_2 - z_1 \tag{1-14}$$

벡터 $\vec{a}$의 크기 $|\vec{a}|$는 다음과 같다.

$$|\vec{a}| = \sqrt{a_x^2 + a_y^2 + a_z^2} = \sqrt{(x_2 - x_1)^2 + (y_2 - y_1)^2 + (z_2 - z_1)^2} \tag{1-15}$$

예제

공간상의 벡터 $\overrightarrow{AB}$는 점 $\mathrm{A}(-1, -2, 1)$에서 시작해서 점 $\mathrm{B}(-2, 3, 4)$에서 끝나는 벡터이다. 벡터 $\overrightarrow{AB}$의 단위벡터를 구하시오.

풀이 $\overrightarrow{AB} = (x_2 - x_1)\vec{i} + (y_2 - y_1)\vec{j} + (z_2 - z_1)\vec{k} = -\vec{i} + 5\vec{j} + 3\vec{k}$

$\overrightarrow{AB}$의 크기 $|\overrightarrow{AB}|$: $|\overrightarrow{AB}| = \sqrt{(-1)^2 + 5^2 + 3^2} = \sqrt{35}$

$\overrightarrow{AB}$의 단위벡터 $\vec{a}_{AB}$: $\vec{a}_{AB} = \dfrac{|\overrightarrow{AB}|}{\overrightarrow{AB}} = -\dfrac{1}{\sqrt{35}}\vec{i} + \dfrac{5}{\sqrt{35}}\vec{j} + \dfrac{3}{\sqrt{35}}\vec{k}$

공간상의 벡터 $\vec{a} = a_x\vec{i} + a_y\vec{j} + a_z\vec{k} = [a_x, a_y, a_z]$는 벡터의 합과 벡터의 스칼라 곱으로 이루어져 있다. 여기서 크기가 1인 세 가지 단위벡터 $\vec{i}, \vec{j}, \vec{k}$를 R^3에서 **표준기저벡터**(standard basis vector) 또는 **표준기저**라 하며 다음과 같이 정의된다.

$$\vec{i} = [1, 0, 0],\ \vec{j} = [0, 1, 0],\ \vec{k} = [0, 0, 1] \tag{1-16}$$

표준기저벡터 $\vec{i}, \vec{j}, \vec{k}$는 아래 그림에서처럼 양의 x축, 양의 y축, 양의 z축 방향을 나타내는 서로 직각의 단위벡터이다.

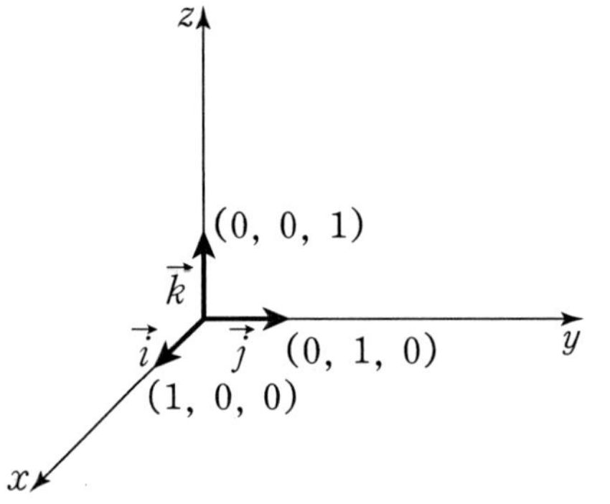

그림 1.8

공학에서 벡터를 다룰 때 벡터의 성분을 실수로만 표시하지는 않으며 함수로 표시하기도 한다. 다음 예와 같이 성분이 실수인 벡터를 **균일 벡터**(uniform vector)라 하고 공간 변수 x, y, z의 함수인 벡터를 **비균일 벡터**(non-uniform vector)라고 부른다.

Uniform vector**의 예** : $\vec{a} = 3\vec{i} - 2\vec{j} + 10\vec{k}$

Non-uniform vector**의 예** : $\vec{a} = 2xy\vec{i} - y^2\vec{j} - xz^2\vec{k}$

제2장

벡터의 내적과 응용

벡터의 내적은 연산의 결과가 스칼라가 되는 것으로써 공학에서 많이 응용된다. 영어로는 Inner product, Dot product, Scalar product라는 용어를 사용하며 우리말로는 내적, 점곱, 스칼라 곱 등으로 부르고 있으며 이 책에서는 내적으로 부르기로 한다. 여기서는 벡터 내적의 정의, 관련 성질, 연산 방법을 알아보고 공학에서 응용되는 예를 다룬다.

2.1 벡터 내적의 기하학적, 물리적 표현과 해석

영벡터가 아닌 두 벡터 $\vec{a}, \vec{b}$의 사잇각을 θ(단, $0 \le \theta \le \pi$)라 하면 내적 $\vec{a} \cdot \vec{b}$은 다음과 같이 정의되며 "$\vec{a}$ dot $\vec{b}$"로 읽는다.

$$\vec{a} \cdot \vec{b} = |\vec{a}||\vec{b}|\cos\theta \tag{2-1}$$

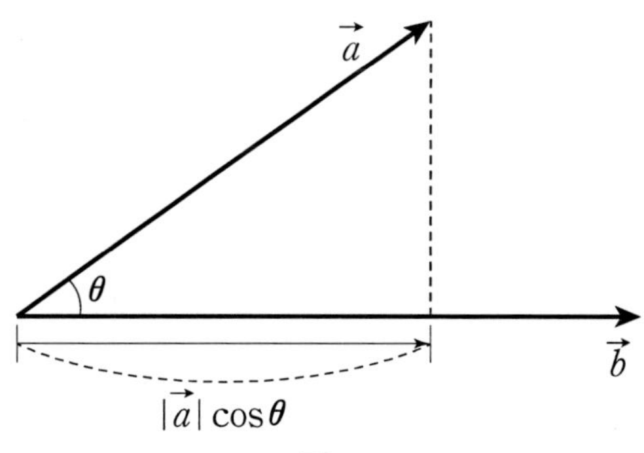

그림 2.1

따라서 두 벡터 $\vec{a}, \vec{b}$의 내적은 $\vec{b}$의 크기에 $\vec{b}$ 위로의 $\vec{a}$의 스칼라 사영을 곱한 것이며, 결국 $\vec{b}$의 크기에 $\vec{b}$와 평행한 $\vec{a}$의 성분을 곱한 것으로써 내적의 결과는 스칼라

량이다.

두 벡터 $\vec{a}, \vec{b}$의 내적은 두 벡터 $\vec{a}, \vec{b}$의 사잇각 θ(단, $0 \le \theta \le \pi$)의 크기에 따라 양의 값이 되거나 영이 되거나 음의 값이 된다.

(1) $0 \le \theta < \frac{\pi}{2}$ 일 경우, $\cos\theta \ge 0$이므로 $\rightarrow \vec{a} \cdot \vec{b} \ge 0$

(2) $\theta = \frac{\pi}{2}$ 일 경우, $\cos\theta = 0$이므로 $\rightarrow \vec{a} \cdot \vec{b} = 0$

(3) $\frac{\pi}{2} < \theta \le \pi$일 경우, $\cos\theta < 0$이므로$\rightarrow \vec{a} \cdot \vec{b} < 0$

어떤 스칼라 p에 대하여 $\vec{a} = p\vec{b}$이면서 $p > 0$이면 $\theta = 0$으로, $p < 0$이면 $\theta = \pi$로 정의한다.

영벡터가 아닌 두 벡터 $\vec{a}, \vec{b}$의 사잇각 θ가 $\theta = 0$ 또는 $\theta = \pi$일 때 두 벡터는 **평행**(parallel)하다고 하고 , 사잇각 θ가 $\theta = \frac{\pi}{2}$ 일 때 **수직**(perpendicular) 또는 **직교**(orthogonal)한다고 하고 하며, 영벡터가 아닌 두 벡터 $\vec{a}, \vec{b}$에 대하여 $\vec{a} \cdot \vec{b} = 0$가 성립할 필요충분조건은 두 벡터가 서로 직교하여 $\cos\theta = 0$ 또는 $\theta = \frac{\pi}{2}$이다. 또한 두 벡터 $\vec{a}, \vec{b}$ 중 어느 하나가 영벡터일 때 $\vec{a} \cdot \vec{b} = 0$이 되며 영벡터는 모든 벡터에 수직인 것으로 정의한다.

2.2 벡터 내적을 이용한 벡터의 크기와 각도 표현

두 벡터 $\vec{a}$, $\vec{b}$의 내적은 $\vec{a} \cdot \vec{b} = |\vec{a}||\vec{b}|\cos\theta$로 정의되므로, $\vec{b} = \vec{a}$일 때의 내적 $\vec{a} \cdot \vec{a}$는

$$\vec{a} \cdot \vec{a} = |\vec{a}||\vec{a}|\cos 0 = |\vec{a}|^2 \quad (2\text{-}2)$$

이므로 $\vec{a}$의 크기 $|\vec{a}|$는 다음과 같이 구할 수 있다.

$$|\vec{a}| = \sqrt{\vec{a} \cdot \vec{a}} \quad (2\text{-}3)$$

또한 두 벡터의 사잇각 θ는 다음과 같이 구할 수 있다.

$$\cos\theta = \frac{\vec{a} \cdot \vec{b}}{|\vec{a}||\vec{b}|} \quad (2\text{-}4)$$

두 벡터 $\vec{a} = a_1\vec{i} + a_2\vec{j} + a_3\vec{k}$, $\vec{b} = b_1\vec{i} + b_2\vec{j} + b_3\vec{k}$의 내적 $\vec{a} \cdot \vec{b}$은 다음과 같이 된다.

$$\vec{a} \cdot \vec{b} = a_1b_1 + a_2b_2 + a_3b_3 \quad (2\text{-}5)$$

이 결과의 도출에는 다음과 같은 표준기저벡터 $\vec{i}$, $\vec{j}$, $\vec{k}$의 내적의 결과를 이용한다.

$$\vec{i} \cdot \vec{i} = \vec{j} \cdot \vec{j} = \vec{k} \cdot \vec{k} = 1$$

$$\vec{i} \cdot \vec{j} = \vec{j} \cdot \vec{k} = \vec{k} \cdot \vec{i} = 0$$

$$\vec{a} \cdot \vec{b} = (a_1\overrightarrow{i_1} + a_2\overrightarrow{j_2} + a_3\overrightarrow{k_3}) \cdot (b_1\overrightarrow{i_1} + b_2\overrightarrow{j_2} + b_3\overrightarrow{k_3}) = a_1b_1 + a_2b_2 + a_3b_3$$

직교좌표계에서 표준단위벡터 $\vec{i}, \vec{j}, \vec{k}$의 내적 연산의 결과를 아래와 같이 표로 정리한다.

$\cdot$	$\vec{i}$	$\vec{j}$	$\vec{k}$
$\vec{i}$	1	0	0
$\vec{j}$	0	1	0
$\vec{k}$	0	0	1

2.3 평면 벡터와 공간 벡터의 내적과 크기

평면 벡터 $\vec{a}=a_1i+a_2j$, $\vec{b}=b_1i+b_2j$ 에 대한 내적과 사잇각 θ는 내적의 정의에 따라

$$\vec{a}\cdot\vec{b}=a_1b_1+a_2b_2 \tag{2-6}$$

$$\cos\theta=\frac{\vec{a}\cdot\vec{b}}{|\vec{a}||\vec{b}|}=\frac{a_1b_1+a_2b_2}{\sqrt{a_1^2+a_2^2}\sqrt{b_1^2+b_2^2}} \tag{2-7}$$

이고, 공간 벡터 $\vec{a}=a_1\vec{i}+a_2\vec{j}+a_3\vec{k}$, $\vec{b}=b_1\vec{i}+b_2\vec{j}+b_3\vec{k}$에 대한 내적과 사잇각 θ는 내적의 정의에 따라 다음 식과 같이 된다.

$$\vec{a}\cdot\vec{b}=a_1b_1+a_2b_2+a_3b_3 \tag{2-8}$$

$$\cos\theta=\frac{\vec{a}\cdot\vec{b}}{|\vec{a}||\vec{b}|}=\frac{a_1b_1+a_2b_2+a_3b_3}{\sqrt{a_1^2+a_2^2+a_3^2}\sqrt{b_1^2+b_2^2+b_3^2}} \tag{2-9}$$

예제

두 개의 벡터 $\vec{a} = 2\vec{i} + 4\vec{j} + 6\vec{k}$, $\vec{b} = 1\vec{i} - 3\vec{j} + 2\vec{k}$가 이루는 각 θ를 구하시오.

풀이 두 개의 벡터 $\vec{a}$, $\vec{b}$가 이루는 각은 $\cos\theta = \dfrac{\vec{a} \cdot \vec{b}}{|\vec{a}||\vec{b}|}$이고,

$$\cos\theta = \frac{2-12+12}{\sqrt{4+16+36}\ \sqrt{1+9+4}} = \frac{2}{\sqrt{54}\ \sqrt{14}} = \frac{1}{14}$$ 이므로

$\theta = \cos^{-1}\left(\dfrac{1}{14}\right) = 85°54'$이다.

예제

공간상에 있는 벡터 $\vec{a} = 3\vec{i} + 6\vec{j} + 2\vec{k}$가 양의 좌표축과 이루는 각을 구하시오.

풀이 벡터 $\vec{a}$가 양의 x축, 양의 y축, 양의 z축과 이루는 각도를 각각 α, β, γ라 하면

$\vec{a} \cdot \vec{i} = |\vec{a}||\vec{i}|\cos\alpha = 7\cos\alpha$이고

$\vec{a} \cdot \vec{i} = (3\vec{i} + 6\vec{j} + 2\vec{k}) \cdot \vec{i} = 3$, $7\cos\alpha = 3$이므로

$\cos\alpha = \dfrac{3}{7}$이다.

$\therefore\ \alpha = \cos^{-1}\left(\dfrac{3}{7}\right) = 64.6°$

β에 대해서도 같은 방법으로, $7\cos\beta = \dfrac{6}{7}$이고 $\therefore\ \beta = \cos^{-1}\left(\dfrac{6}{7}\right) \simeq 31°$

γ에 대해서도 같은 방법으로, $7\cos\gamma = \dfrac{2}{7}$이고 $\therefore\ \gamma = \cos^{-1}\left(\dfrac{2}{7}\right) \simeq 73.4°$

2.4 두 벡터의 직교와 평행

영벡터가 아닌 두 벡터 $\vec{a}$, $\vec{b}$에 대하여, $\vec{a}\cdot\vec{b}=0$이면 벡터 $\vec{a}$는 벡터 $\vec{b}$에 직교(orthogonal)한다. 이 관계가 성립할 필요충분조건은 사잇각 θ가 $\theta=90°$, $\cos\theta=0$이다. 두 벡터 $\vec{a}$, $\vec{b}$가 직교한다는 것을 기호로는 $\vec{a}\perp\vec{b}$로 표기한다. 두 벡터의 직교 관계는 벡터 연산을 할 때 많이 사용된다.

영벡터가 아닌 두 벡터 $\vec{a}$, $\vec{b}$에 대하여, 두 벡터가 이루는 사잇각 $\theta=0°$이거나 $\theta=180°$ 이면 두 벡터는 평행하다. 두 벡터 $\vec{a}$, $\vec{b}$가 평행하다는 것을 기호로는 $\vec{a}//\vec{b}$로 표기한다. 이때 두 벡터 $\vec{a}$, $\vec{b}$의 방향이 같으면, 두 벡터의 내적은 $\vec{a}\cdot\vec{b}=|\vec{a}||\vec{b}|$이다. 또한 두 벡터 $\vec{a}$, $\vec{b}$의 방향이 반대이면 $\vec{a}\cdot\vec{b}=-|\vec{a}||\vec{b}|$이다. 역으로, $\vec{a}\cdot\vec{b}=\pm|\vec{a}||\vec{b}|$이면 두 벡터의 사잇각 θ는 $\theta=0°$이거나 $\theta=180°$이다. 따라서 두 벡터 $\vec{a}$, $\vec{b}$가 평행하기 위한 필요충분조건은 $k\neq0$인 실수일 때 $\vec{b}=k\vec{a}$이다.

예제

두 개의 벡터 $\vec{a}=a_1\vec{i}+4\vec{j}+6\vec{k}$, $\vec{b}=3\vec{i}-2\vec{j}+12\vec{k}$가 직교할 때 성분 a_1은 얼마인가?

풀이 두 벡터 $\vec{a}$, $\vec{b}$가 직교($\vec{a}\perp\vec{b}$)하면 $\vec{a}\cdot\vec{b}=0$이어야 하고,

$\vec{a}\cdot\vec{b}=a_1 3+4(-2)+6(12)=0$이다. 따라서 $a_1=\frac{64}{3}$

2.5 벡터 내적의 성질

임의의 벡터 $\vec{a}, \vec{b}, \vec{c}$와 스칼라 p에 대하여 다음 내적의 기본적 관계식이 성립한다.

(1) $\vec{a} \cdot \vec{b} = \vec{b} \cdot \vec{a}$ (2-10)

(2) $\vec{a} \cdot (\vec{b} + \vec{c}) = \vec{a} \cdot \vec{b} + \vec{a} \cdot \vec{c}$ (2-11)

(3) $(p\vec{a} \cdot \vec{b}) = p(\vec{a} \cdot \vec{b}) = \vec{a} \cdot (p\vec{b})$ (2-12)

(4) $\vec{0} \cdot \vec{a} = 0$ (2-13)

(5) $\vec{a} \cdot \vec{a} = |\vec{a}|^2$ (2-14)

(6) $\vec{a} \cdot \vec{a} \geq 0$, $\vec{a} \cdot \vec{a} = 0$일 필요충분조건; $\vec{a} = \vec{0}$ (2-15)

위의 내적의 기본적 관계식에 더해 다음의 관계식도 성립한다. 이 식들은 벡터의 연산법칙과 내적의 정의와 성질로부터 유도된다.

(7) $|\vec{a} \cdot \vec{b}| \leq |\vec{a}||\vec{b}|$: Cauchy-Schwarz 부등식 (2-16)

(8) $|\vec{a} + \vec{b}| \leq |\vec{a}| + |\vec{b}|$: 삼각부등식 (2-17)

(9) $|\vec{a} + \vec{b}|^2 + |\vec{a} - \vec{b}|^2 = 2(|\vec{a}|^2 + |\vec{b}|^2)$: 평행사변형등식 (2-18)

예제

두 개의 벡터 $\vec{a}=1\vec{i}+3\vec{j}+2\vec{k}$, $\vec{b}=2\vec{i}+0\vec{j}+5\vec{k}$에 대하여 Cauchy-Schwarz 부등식이 성립하는지 숫자를 넣어 확인하여라.

풀이 Cauchy-Schwarz 부등식은 $|\vec{a}\cdot\vec{b}|\le|\vec{a}||\vec{b}|$이다.

$|\vec{a}\cdot\vec{b}|=|(1\times2)+(3\times0)+(2\times5)|=12$이고,

$|\vec{a}||\vec{b}|=\sqrt{14}\sqrt{29}=\sqrt{406}\simeq20.15$

따라서 $|\vec{a}\cdot\vec{b}|<|\vec{a}||\vec{b}|$이다.

예제

두 개의 벡터 $\vec{a}=1\vec{i}+3\vec{j}+2\vec{k}$, $\vec{b}=2\vec{i}+0\vec{j}+5\vec{k}$에 대하여 삼각부등식이 성립하는지 숫자를 넣어 확인하여라.

풀이 삼각부등식은 $|\vec{a}+\vec{b}|\le|\vec{a}|+|\vec{b}|$이다.

$|\vec{a}+\vec{b}|=|3\vec{i}+3\vec{j}+7\vec{k}|=\sqrt{67}\simeq8.19$이고,

$|\vec{a}|+|\vec{b}|=\sqrt{14}+\sqrt{29}\simeq9.1$이다.

따라서 $|\vec{a}+\vec{b}|<|\vec{a}|+|\vec{b}|$이다.

2.6 스칼라 사영과 벡터 사영

하나의 벡터 $\vec{a}$의 다른 벡터 $\vec{b}$로의 **사영**(projection)을 구하는 것은 공학과 물리학에서 많이 응용된다. 사영에는 스칼라 사영과 벡터 사영이 있다. 우선 스칼라 사영에 대하여 살펴본다. 벡터 $\vec{a}$의 다른 벡터 $\vec{b}$로의 사영이란, 벡터 $\vec{b}$에 평행한 직선상에 벡터 $\vec{a}$를 투영한 그림자의 길이를 말한다. 이것은 벡터 $\vec{b}$ 방향으로 벡터 $\vec{a}$의 **성분**(component)이며, **정사영** 또는 **스칼라 사영**(scalar projection)이라고 한다.

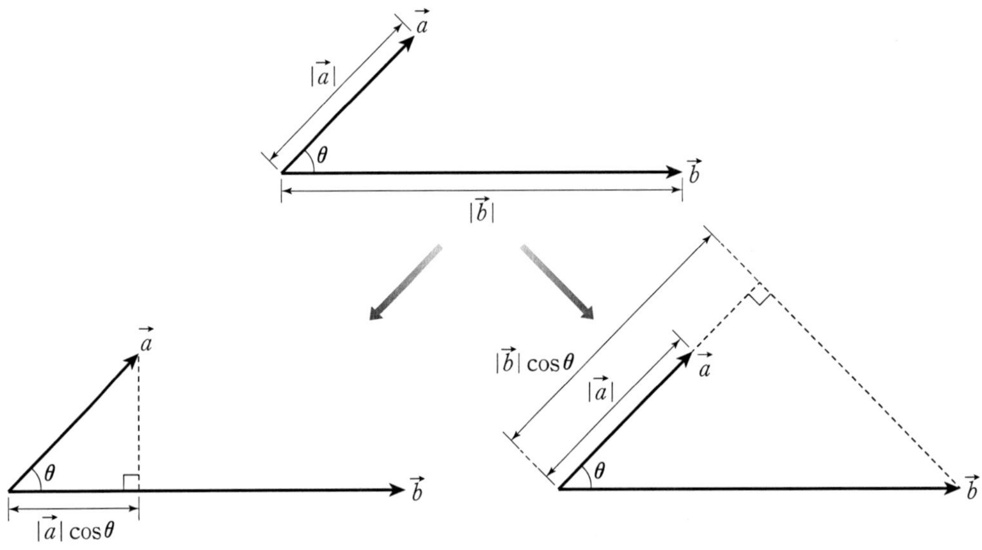

그림 2.2

벡터 $\vec{a}$와 벡터 $\vec{b}$의 사잇각이 θ일 때, $\vec{b}_u$를 벡터 $\vec{b}$의 단위벡터라 하고 벡터 $\vec{a}$의 벡터 $\vec{b}$위로의 스칼라 사영 P는

$$P=|\vec{a}|\cos\theta=\frac{\vec{a}\cdot\vec{b}}{|\vec{b}|}=\vec{a}\cdot\vec{b}_u \tag{2-19}$$

이다. 또한 $\vec{a}_u$를 벡터 $\vec{a}$의 단위벡터라 하고 벡터 $\vec{b}$의 벡터 $\vec{a}$위로의 스칼라 사영 P는

$$P=|\vec{b}|\cos\theta=\frac{\vec{b}\cdot\vec{a}}{|\vec{a}|}=\vec{b}\cdot\vec{a}_u \tag{2-20}$$

이다. 결국 벡터 $\vec{a}$의 벡터 $\vec{b}$ 위로의 스칼라 사영은 벡터 $\vec{a}$와 벡터 $\vec{b}$의 단위벡터 $\vec{b}_u$를 내적한 것이고, 벡터 $\vec{b}$의 벡터 $\vec{a}$위로의 스칼라 사영은 벡터 $\vec{b}$와 벡터 $\vec{a}$의 단위벡터 $\vec{a}_u$를 내적한 것이다.

벡터 $\vec{b}$ 위로의 벡터 $\vec{a}$의 스칼라 사영 : $P=|\vec{a}|\cos\theta=\dfrac{\vec{a}\cdot\vec{b}}{|\vec{b}|}=\vec{a}\cdot\vec{b}_u$

벡터 $\vec{a}$ 위로의 벡터 $\vec{b}$의 스칼라 사영 : $P=|\vec{b}|\cos\theta=\dfrac{\vec{b}\cdot\vec{a}}{|\vec{a}|}=\vec{b}\cdot\vec{a}_u$

벡터사영(vector projection)에 대하여 살펴본다. 벡터사영을 성분벡터라고 부르기도 한다. 하나의 벡터 $\vec{a}$의 다른 벡터 $\vec{b}$위로의 벡터사영이란, 스칼라 사영에 벡터 $\vec{b}$ 방향으로의 단위벡터를 곱하여 생성된 하나의 벡터이다. 벡터 $\vec{a}$의 벡터 $\vec{b}$ 위로의 벡터사영을 $\vec{P}$로 표기하면

$$\vec{P} = P\vec{b}_u = \frac{\vec{a} \cdot \vec{b}}{|\vec{b}|}\vec{b}_u = \left(\frac{\vec{a} \cdot \vec{b}}{|\vec{b}|}\right)\frac{\vec{b}}{|\vec{b}|} = \left(\frac{\vec{a} \cdot \vec{b}}{|\vec{b}|^2}\right)\vec{b} \qquad (2\text{-}21)$$

이다.

예제

벡터 $\vec{b} = [2, 3, 1]$ 위로의 벡터 $\vec{a} = [1, 2, 3]$ 의 성분(스칼라 사영)과 성분벡터(벡터사영)를 구하시오.

풀이 projection of $\vec{a}$ on $\vec{b}$: $P = |\vec{a}|\cos\theta = \dfrac{\vec{a} \cdot \vec{b}}{|\vec{b}|} = \vec{a} \cdot \vec{b}_u$ 이다.

$\vec{b} = [2, 3, 1]$ 이므로, $|\vec{b}| = \sqrt{1^2 + 2^2 + 3^2} = \sqrt{14}$,

$\vec{b} = \dfrac{\vec{b}}{|\vec{b}|} = \dfrac{2\vec{i} + \vec{j} + 3\vec{k}}{\sqrt{14}}$ 이다.

따라서 성분 P는 다음과 같이 구해진다.

$$P = \vec{a} \cdot \vec{b}_u = (\vec{i} + 2\vec{j} + 3\vec{k}) \cdot \left(\frac{2\vec{i} + \vec{j} + 3\vec{k}}{\sqrt{14}}\right) = \frac{13}{\sqrt{14}}$$

또한 성분벡터를 $\vec{P}$로 표기하면 성분벡터는 다음과 같다.

$$\vec{P} = \frac{\vec{a} \cdot \vec{b}}{|\vec{b}|}\vec{b}_u = \left(\frac{13}{\sqrt{14}}\right)\left(\frac{2\vec{i} + \vec{j} + 3\vec{k}}{\sqrt{14}}\right) = \frac{13}{14}(2\vec{i} + \vec{j} + 3\vec{k})$$

2.7 벡터 내적의 응용 예

변위와 힘이 이루는 각도가 θ일 때 점 P에서 R까지의 힘 $\vec{F}$가 물체에 작용하여 점 P에서 Q까지의 변위 $\vec{D}$를 일으켰다면, 이 때 힘 $\vec{F}$가 한 일 W는 힘 $\vec{F}$와 변위 $\vec{D}$의 내적으로 표시된다.

$$W = |\vec{F}|\cos\theta|\vec{D}| = |\vec{F}||\vec{D}|\cos\theta = \vec{F} \cdot \vec{D} \tag{2-22}$$

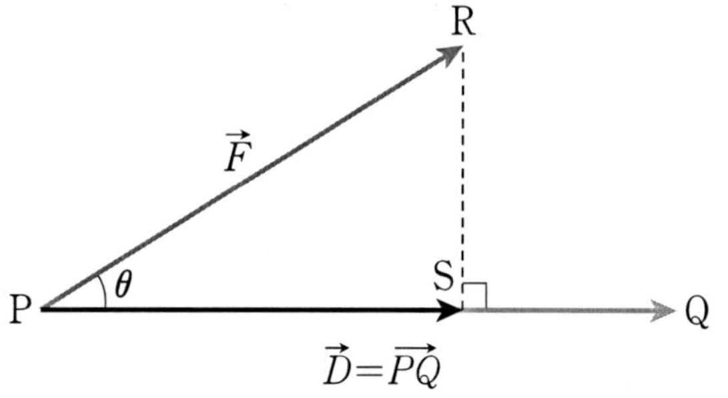

그림 2.3

예제

어떤 물체에 $\vec{F} = 2\vec{i} - \vec{j} - 2\vec{k}\,[N]$의 힘이 작용하여 벡터 $\vec{r} = 3\vec{i} + 2\vec{j} - 5\vec{k}\,[m]$를 따라 이 물체를 움직였을 때 행해진 일 W를 구하여라.

풀이 행해진 일 $W = \vec{F} \cdot \vec{r} = (2\vec{i} - \vec{j} - 2\vec{k}) \cdot (3\vec{i} + 2\vec{j} - 5\vec{k}) = 14\,[J]$

전자기학에서는 Maxwell의 제 1 방정식으로 불리는 $\nabla \cdot \vec{D} = \rho_v$라는 식을 사용한다. ∇은 “nabla” 또는 “del”이라 불리는 벡터미분연산자(vector differential operator)이며 다음과 같이 정의된다.

$$\nabla = \frac{\partial}{\partial x}\vec{i} + \frac{\partial}{\partial y}\vec{j} + \frac{\partial}{\partial z}\vec{k} \tag{2-23}$$

$\vec{D}$는 전속밀도라 불리는 벡터이다. 또한 ρ_v는 체적전하밀도로써 단위는 $[c/m^3]$이다. 이 식의 물리적 의미는 "어떤 점에서 나가는 단위체적당 전속수는 그 점의 체적전하밀도와 같다"는 것이나 여기서는 이 식을 유도하거나 자세히 설명하지는 않겠다. 다만 $\nabla \cdot \vec{D}$가 두 벡터를 내적하는 연산이므로 여기서 간단히 내적 연산 자체만을 다루어 보고자 한다.

만약 $\vec{D} = 2xy\vec{i} + x\vec{j}\,[c/m^2]$으로 주어진다면 $\nabla \cdot \vec{D}$의 내적 연산 결과는 다음과 같이 된다.

$$\nabla \cdot \vec{D} = \left(\frac{\partial}{\partial x}\vec{i} + \frac{\partial}{\partial y}\vec{j} + \frac{\partial}{\partial z}\vec{k}\right) \cdot (2xy\vec{i} + x\vec{j}) = 2y$$

예제

전속밀도가 $\vec{D} = e^{-x}\sin y\,\vec{i} - e^{-x}\cos y\,\vec{j} + 2z\,\vec{k}\,[\mathrm{C/m^3}]$ 인 경우 원점에 위치한 $\Delta v = 10^{-9}\,[m^3]$ 의 미소체적소 내의 전하량을 구하시오.

풀이 $\nabla \cdot \vec{D} = \rho$이므로 벡터미분연산자 ∇와 주어진 벡터 $\vec{D}$를 내적하면

$$\nabla \cdot \vec{D} = \rho_v = \left(\frac{\partial}{\partial x}\vec{i} + \frac{\partial}{\partial y}\vec{j} + \frac{\partial}{\partial z}\vec{k}\right) \cdot (e^{-x}\sin y\,\vec{i} - e^{-x}\cos y\,\vec{j} + 2z\,\vec{k})$$

$$= -e^{-x}\sin y + e^{-x}\sin y + 2 = 2\,[\mathrm{C/m^3}]$$

체적전하밀도가 $\rho_v = 2\,[\mathrm{C/m^3}]$ 이므로, 전하량 Q는 다음과 같이 계산된다.

$Q = \rho_v \times \Delta v = 2 \times 10^{-9}[c] = 2\,[nC]$

제3장

벡터의 외적과 응용 (vector product, cross product)

벡터의 외적은 연산의 결과가 벡터가 되는 것으로써 공학에서 내적과 함께 많이 응용된다. 영어로는 vector product, cross product라는 용어를 사용하며 우리말로는 외적, 벡터곱 등으로 부르고 있으며 이 책에서는 외적으로 부르기로 한다. 여기서는 벡터 외적의 정의, 관련 성질, 연산 방법을 알아보고 공학에서 응용되는 예를 다룬다.

3.1 벡터 외적의 기하학적, 물리적 표현과 해석

두 개의 벡터 $\vec{a}$와 $\vec{b}$의 외적은 $\vec{a}\times\vec{b}$로 표시하며 결과가 벡터인 연산이다. $\vec{a}\times\vec{b}$는 「$\vec{a}$ cross $\vec{b}$」로 읽는다.

두 개의 벡터 $\vec{a}$와 $\vec{b}$의 외적 $\vec{a}\times\vec{b}$의 결과를 벡터 $\vec{c}$라 표기하면, 외적 $\vec{a}\times\vec{b}$는 다음과 같이 정의한다.

$$\vec{c}=\vec{a}\times\vec{b}=|\vec{a}||\vec{b}|\sin\theta\,\vec{n} \tag{3-1}$$

여기서 θ는 두 벡터 $\vec{a}$와 $\vec{b}$의 사잇각이며, $0 \le \theta \le \pi$인 것으로 한다. 벡터 외적은 방향을 가지는 벡터이므로 단위벡터 $\vec{n}$을 사용하여 방향을 나타내며 $\vec{n}$은 $\vec{a}$와 $\vec{b}$에 모두 수직인 단위벡터이다.

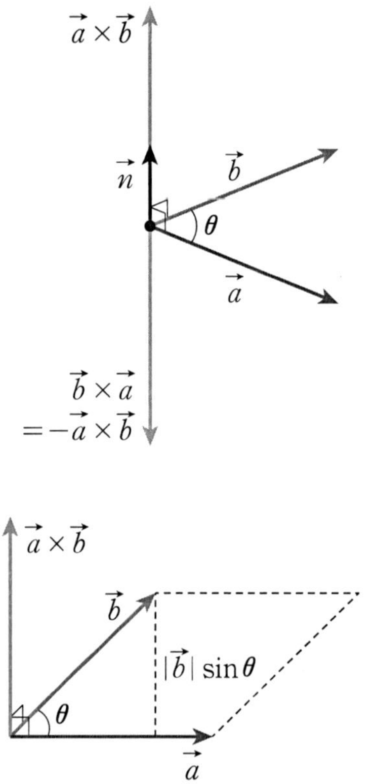

그림 3.1

결국 $\vec{a} \times \vec{b}$는 오른나사 법칙에 따라 결정되는 방향을 가지며 $\vec{a}$와 $\vec{b}$에 모두 수직이 되고, 그 크기가 $|\vec{a}||\vec{b}|\sin\theta$인 벡터이다. 또한 외적 $\vec{a} \times \vec{b}$의 크기인 $|\vec{a}||\vec{b}|\sin\theta$는 벡터 $\vec{a}$와 $\vec{b}$가 이루는 평행사변형의 면적이 된다.

■ 두 벡터 $\vec{a}$와 $\vec{b}$가 평행일 필요충분조건

외적의 정의로부터 $\vec{a}$와 $\vec{b}$가 같은 방향이거나 반대방향이어서 평행할 경우 $\sin\theta = 0$이 되므로 두 벡터 $\vec{a}$와 $\vec{b}$의 외적은 영벡터이고 크기는 영이 됨을 알 수 있다. 즉,

$$\vec{c} = \vec{a} \times \vec{b} = \vec{0} \tag{3-2}$$

$$|\vec{c}| = |\vec{a}||\vec{b}| \sin\theta = 0 \tag{3-3}$$

이다. 따라서 $\vec{a}$와 $\vec{b}$가 평행일 필요충분조건은 $\vec{a} \times \vec{b} = \vec{0}$이다.

3.2 벡터 외적의 성분과 연산

두 벡터 $\vec{a}$와 $\vec{b}$가 $\vec{a}=a_1\vec{i}+a_2\vec{j}+a_3\vec{k}$, $\vec{b}=b_1\vec{i}+b_2\vec{j}+b_3\vec{k}$일 때 두 벡터의 외적 $\vec{a}\times\vec{b}$는 다음과 같이 된다.

$$\vec{a}\times\vec{b}=(a_2b_3-a_3b_2)\vec{i}+(a_3b_1-a_1b_3)\vec{j}+(a_1b_2-a_2b_1)\vec{k} \tag{3-4}$$

위 식에서 $\vec{a}\times\vec{b}$의 결과를 나타내는 벡터 $\vec{c}$는 $\vec{c}=c_1\vec{i}+c_2\vec{j}+c_3\vec{k}$이므로 벡터 $\vec{c}$의 성분은 다음과 같음을 알 수 있다.

$$c_1=(a_2b_3-a_3b_2),\ c_2=(a_3b_1-a_1b_3),\ c_3=(a_1b_2-a_2b_1) \tag{3-5}$$

두 개의 벡터 $\vec{a}$와 $\vec{b}$를 외적한 결과의 각 성분이 이렇게 되는 것은 벡터합에 대한 분배법칙

$$\vec{u}\times(\vec{v}+\vec{w})=\vec{u}\times\vec{v}+\vec{u}\times\vec{w}$$

과, 단위벡터인 표준기저벡터 $\vec{i}$, $\vec{j}$, $\vec{k}$의 외적의 결과를 이용하면 쉽게 알 수 있다. 표준단위벡터 $\vec{i}$, $\vec{j}$, $\vec{k}$의 외적 연산에서 동일한 단위벡터를 외적하면 $\vec{0}$이 되는 성질을 이용한다. 직교좌표계에서 표준단위벡터 $\vec{i}$, $\vec{j}$, $\vec{k}$의 외적 연산의 결과를 아래와 같이 표로 정리한다.

$\times$	$\vec{i}$	$\vec{j}$	$\vec{k}$
$\vec{i}$	$\vec{0}$	$\vec{k}$	$-\vec{j}$
$\vec{j}$	$-\vec{k}$	$\vec{0}$	$\vec{i}$
$\vec{k}$	$\vec{j}$	$-\vec{i}$	$\vec{0}$

두 개의 벡터 $\vec{a}$와 $\vec{b}$의 외적 $\vec{a}\times\vec{b}$가

$$\vec{a}\times\vec{b}=(a_2b_3-a_3b_2)\vec{i}+(a_3b_1-a_1b_3)\vec{j}+(a_1b_2-a_2b_1)\vec{k} \tag{3-6}$$

인 것을 다음과 같은 행렬식을 이용해도 동일한 결과를 얻을 수 있다. 즉,

$$\begin{aligned}\vec{a}\times\vec{b}&=\begin{vmatrix}a_2 & a_3\\ b_2 & b_3\end{vmatrix}\vec{i}-\begin{vmatrix}a_1 & a_3\\ b_1 & b_3\end{vmatrix}\vec{j}+\begin{vmatrix}a_1 & a_2\\ b_1 & b_2\end{vmatrix}\vec{k}\\ &=(a_2b_3-a_3b_2)\vec{i}+(a_3b_1-a_1b_3)\vec{j}+(a_1b_2-a_2b_1)\vec{k}\end{aligned} \tag{3-7}$$

이므로 두 벡터의 외적 $\vec{a}\times\vec{b}$를 행렬식 형식으로 표시하면

$$\vec{a}\times\vec{b}=\begin{vmatrix}\vec{i} & \vec{j} & \vec{k}\\ a_1 & a_2 & a_3\\ b_1 & b_2 & b_3\end{vmatrix} \tag{3-8}$$

로 정의된다. 위의 3×3행렬식을 1행에 관하여 전개하면 벡터 외적을 대수적으로 얻은 것과 동일한 결과를 얻게 된다. 이와 같은 표현은 실제 행렬식은 아니지만 벡터 외적을 나타낼 때 사용되며 기호행렬식(symbolic determinant)이라 부르고 벡터의 외적 연산에서는 기호행렬식을 많이 이용한다.

예제

3차원 공간에 있는 다음 두 벡터의 외적을 대수적 방법과 기호행렬식을 사용하여 구하고 결과를 비교하시오.

$\vec{a}=\vec{i}+\vec{j},\ \vec{b}=3\vec{i}$

풀이 1) 대수적 방법에 의한 계산

성분을 사용하여 문제에서 주어진 두 벡터를 나타내면

$\vec{a}=[1,1,0],\ \vec{b}=[3,0,0]$

두 벡터의 외적 $\vec{a}\times\vec{b}$는

$$\begin{aligned}\vec{a}\times\vec{b} &= (a_2b_3-a_3b_2)\vec{i}+(a_3b_1-a_1b_3)\vec{j}+(a_1b_2-a_2b_1)\vec{k}\\ &= c_1\vec{i}+c_2\vec{j}+c_3\vec{k}\end{aligned}$$

이다. 이 결과를 이용하여 벡터 $\vec{c}$의 성분을 계산하면 다음과 같다.

$c_1=0,\ c_2=0,\ c_3=-3$

따라서 외적 $\vec{a}\times\vec{b}$는

$\vec{a}\times\vec{b}=\vec{c}=[0,0,-3]=-3k$

2) 기호행렬식을 이용한 계산

$$\vec{a}\times\vec{b}=\begin{vmatrix}\vec{i}&\vec{j}&\vec{k}\\1&1&0\\3&0&0\end{vmatrix}=\begin{vmatrix}1&0\\0&0\end{vmatrix}\vec{i}-\begin{vmatrix}1&0\\3&0\end{vmatrix}\vec{j}+\begin{vmatrix}1&1\\3&0\end{vmatrix}\vec{k}=-3\vec{k}$$

위의 계산예로부터 두 벡터의 외적은 대수적 방법에 의한 결과와 기호행렬식에 의한 결과가 동일함을 알 수 있다.

3.3 벡터 외적의 성질

벡터 외적에 대한 연산에서 다음 정리가 성립한다. 이 정리는 벡터 외적의 정의를 이용하면 유도할 수 있다. 여기서 $\vec{a}$, $\vec{b}$와 $\vec{c}$는 R^3의 세 벡터이다.

1) 임의의 스칼라 m에 대하여,

$$(m\vec{a})\times\vec{b}=m(\vec{a}\times\vec{b})=\vec{a}\times(m\vec{b}) \tag{3-9}$$

2) 벡터 합에 대한 분배법칙(distributive law)

$$\vec{a}\times(\vec{b}+\vec{c})=(\vec{a}\times\vec{b})+(\vec{a}\times\vec{c}) \tag{3-10}$$

3) 반교환법칙(anti-commutative law)

$$\vec{a}\times\vec{b}=-\vec{b}\times\vec{a} \tag{3-11}$$

4) 결합법칙의 불성립(not associative)

a, b, c가 스칼라일 때는 덧셈에 대한 결합법칙이나 곱셈에 대한 결합법칙이 성립한다. 즉, 어느 두 수를 묶어서 먼저 계산해도 그 계산결과가 같아진다. 그러나 벡터일 때는 결합법칙이 성립하지 않는다.

$$\vec{a}\times(\vec{b}\times\vec{c})\neq(\vec{a}\times\vec{b})\times\vec{c} \tag{3-12}$$

5) 영벡터 $\vec{0}$에 대한 외적

$$\vec{a}\times\vec{0}=\vec{0},\quad \vec{0}\times\vec{a}=\vec{0} \tag{3-13}$$

예제

외적을 표준기저벡터(standard basis of vectors)에 적용하여 교환법칙과 결합법칙이 성립하지 않음을 보여라.

풀이 R^3에서 표준기저벡터인 다음 세 벡터 $\vec{i}, \vec{j}, \vec{k}$는 양의 x축, 양의 y축, 양의 z축을 각각 나타내는 단위벡터이다.

$\vec{i}=[1,0,0], \vec{j}=[0,1,0], \vec{k}=[0,0,1]$

외적을 표준기저벡터에 적용하면

$\vec{i}\times\vec{j}=\vec{k},\quad \vec{j}\times\vec{k}=\vec{i},\quad \vec{k}\times\vec{i}=\vec{j}$

$\vec{j}\times\vec{i}=-\vec{k},\quad \vec{k}\times\vec{j}=-\vec{i},\quad \vec{i}\times\vec{k}=-\vec{j}$

가 된다. 따라서 외적에 대하여는 교환법칙이 성립하지 않음을 확인할 수 있다. 또한 다음의 표준기저벡터에 대한 외적 연산을 보면

$\vec{i}\times(\vec{i}\times\vec{j})=-\vec{j}$

$(\vec{i}\times\vec{i})\times\vec{j}=\vec{0}$

의 결과를 얻는다. 즉, 결합법칙이 성립하려면 어느 두 벡터를 묶어서 먼저 계산해도 그 결과가 같아져야 하나, 벡터 외적에서는 같지 않으므로 결합법칙이 성립하지 않는다.

3.4 벡터 외적의 응용 예

회전축 M 둘레에 작용하는 힘 $\overrightarrow{F}$의 능률(모멘트, moment)은 점 A에서 $\overrightarrow{F}$의 작용선(line of action) L에 내린 수직거리 d에 $\overrightarrow{F}$의 크기를 곱한 것이다.

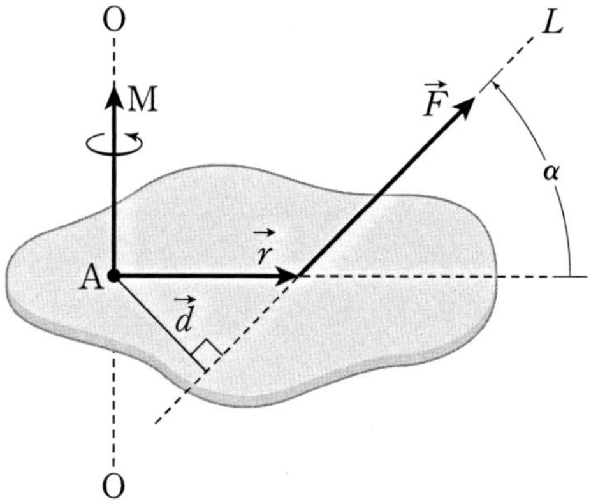

그림 3.2

따라서 A에서 $\overrightarrow{F}$의 시점에 이르는 벡터를 $\vec{r}$이라 하면 힘 $\overrightarrow{F}$의 능률 m은

$$m=|\overrightarrow{F}|d=F(r\sin\alpha)=r\cdot F\sin\alpha=|\vec{\mathrm{r}}\times\vec{\mathrm{F}}| \quad (3\text{-}14)$$

로 정의된다. 또한 두 벡터 $\vec{r}$과 $\overrightarrow{F}$에 의하여 정해지는 평면에 대하여 점 A에 대한 힘 $\overrightarrow{F}$의 능률벡터(moment vector) $\overrightarrow{m}$은 $\vec{r}$과 $\overrightarrow{F}$의 외적으로 정의된다.

$$\overrightarrow{m}=\vec{r}\times\overrightarrow{F} \quad (3\text{-}15)$$

능률벡터 $\overrightarrow{m}$의 크기는 회전축 M에 관하여 $\overrightarrow{F}$가 물체의 회전을 일으킬 수 있는 경향을 나타낸다.

직교좌표계로 표시되는 3차원 공간에서 두 벡터 $\overrightarrow{F}$와 $\overrightarrow{r}$이

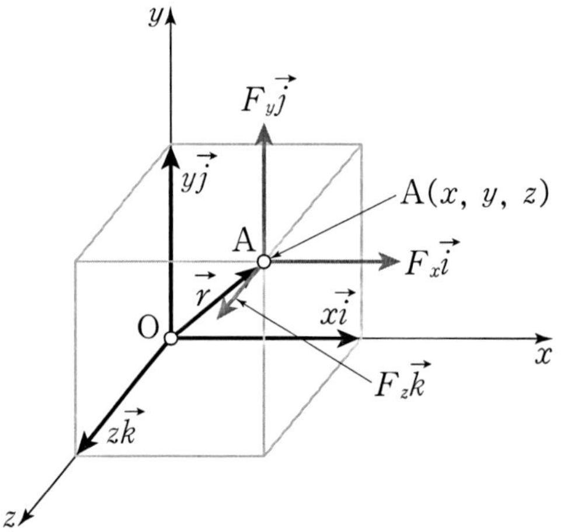

그림 3.3

$$\overrightarrow{F} = F_x\overrightarrow{i} + F_y\overrightarrow{j} + F_z\overrightarrow{k}$$

$$\overrightarrow{r} = x\overrightarrow{i} + y\overrightarrow{j} + z\overrightarrow{k}$$

로 나타내진다고 하면, 원점 0에 대한 힘 $\overrightarrow{F}$의 능률벡터(moment vector) $\overrightarrow{m}$은, 벡터 $\overrightarrow{r}$과 벡터 $\overrightarrow{F}$를 외적하면 다음의 결과가 된다.

$$\overrightarrow{m} = \overrightarrow{r} \times \overrightarrow{F} = (x\overrightarrow{i} + y\overrightarrow{j} + z\overrightarrow{k}) \times (F_x\overrightarrow{i} + F_y\overrightarrow{j} + F_z\overrightarrow{k})$$

$$= (yF_z - zF_y)\overrightarrow{i} + (zF_x - xF_z)\overrightarrow{j} + (xF_y - yF_x)\overrightarrow{k}$$

예제

그림에서 $\vec{r} = 1.5\vec{j}\,[m]$, $|\vec{F}| = 1000\,[kgf]$, $\vec{F}$의 작용선과 $\vec{r}$이 이루는 각의 크기가 30°일 때 회전축 M에 대한 힘 $\vec{F}$의 능률 벡터(모멘트 벡터) $\vec{m}$과 능률(모멘트) m을 구하시오.

풀이 힘 F를 x, y, z방향 성분으로 분해하면

$$\vec{F} = 1000\cos 30°\vec{i} + 1000\sin 30°\vec{j} = [866, 500, 0]$$

이므로 $\vec{r}$과 $\vec{F}$를 외적하면 능률 벡터 $\vec{m}$과 능률 m은

$$\vec{m} = \vec{r} \times \vec{F} = \begin{vmatrix} \vec{i} & \vec{j} & \vec{k} \\ 0 & 1.5 & 0 \\ 866 & 500 & 0 \end{vmatrix} \equiv (0,\ 0,\ -1299) = -1299\vec{k}$$

$$m = |\vec{r} \times \vec{F}| = 1299\,[kg \cdot m]$$

이다.

능률 벡터 $\vec{m}$은 $-\vec{k}$의 방향이 됨을 알 수 있다.

전자기학에서는 Maxwell의 제 2 방정식으로 불리는 $\nabla \times \vec{H} = \vec{J}$라는 식을 사용한다. ∇은 “nabla” 또는 “del”이라 불리는 벡터미분연산자(vector differential operator)로 불리는 벡터이며 다음과 같이 정의된다.

$$\nabla = \frac{\partial}{\partial x}\vec{i} + \frac{\partial}{\partial y}\vec{j} + \frac{\partial}{\partial z}\vec{k}$$

$\vec{H}$는 자계의 세기라 불리는 벡터이다. 또한 $\vec{J}$는 전류밀도로써 단위는 $[A/m]$이다. 여기서는 이 식을 유도하거나 자세히 설명하지는 않겠으며 그러한 것은 전자기학 책을 참조하기 바란다. 다만 $\nabla \times \vec{H} = \vec{J}$가 두 벡터를 외적하는 연산이므로 여기서 간단히 외적 연산 자체만을 다루어 외적이 어떻게 사용되는지를 보여주고자 한다.

예를 들어 직교좌표계에서 자계의 세기가 x축의 양의 방향으로만 향하는 벡터 $\vec{H} = 0.2z^2\,\vec{i}$라고 하면 전류밀도 $\vec{J}$는 다음과 같이 구할 수 있다.

$$\vec{J} = \nabla \times \vec{H} = \left(\frac{\partial}{\partial x}\vec{i} + \frac{\partial}{\partial y}\vec{j} + \frac{\partial}{\partial z}\vec{k}\right) \times 0.2\,z^2\,\vec{i} = \begin{vmatrix} \vec{i} & \vec{j} & \vec{k} \\ \frac{\partial}{\partial x} & \frac{\partial}{\partial y} & \frac{\partial}{\partial z} \\ 0.2z^2 & 0 & 0 \end{vmatrix} = 0.4\,z\,\vec{j}$$

제4장

스칼라 삼중적과 벡터 삼중적

세 개의 벡터 $\vec{a}$, $\vec{b}$, $\vec{c}$에 대하여 $\vec{a} \cdot (\vec{b} \times \vec{c})$의 연산을 스칼라 삼중적이라 하며, $\vec{a} \times (\vec{b} \times \vec{c})$의 연산을 벡터 삼중적이라 한다. 스칼라 삼중적의 연산 결과는 스칼라 값이고 벡터 삼중적의 연산 결과는 벡터 값이 된다.

4.1 스칼라 삼중적(scalar triple product, mixed triple product)

4.1.1 스칼라 삼중적의 정의 및 연산 방법

내적과 외적이 함께 있는 벡터연산을 생각한다. 세 개의 벡터 $\vec{a}$, $\vec{b}$, $\vec{c}$가 다음과 같을 때

$$\vec{a} = a_1 \vec{i} + a_2 \vec{j} + a_3 \vec{k}$$

$$\vec{b} = b_1 \vec{i} + b_2 \vec{j} + b_3 \vec{k}$$

$$\vec{c} = c_1 \vec{i} + c_2 \vec{j} + c_3 \vec{k}$$

스칼라 삼중적은 3개의 벡터를 괄호 내에 넣어 표기하고 다음과 같이 정의된다.

$$(\vec{a}\ \vec{b}\ \vec{c}) = \vec{a} \cdot (\vec{b} \times \vec{c}) \tag{4-1}$$

즉, 스칼라 삼중적은 두 개의 벡터를 외적하여 나머지 하나의 벡터와 내적하는 연산이다.

$\vec{b}$와 $\vec{c}$를 외적 하여 얻은 결과를 벡터 $\vec{d}$라 하면

$$\vec{d}=\vec{b}\times\vec{c}=d_1\vec{i}+d_2\vec{j}+d_3\vec{k} \tag{4-2}$$

이고, 벡터 $\vec{a}$와 위에서 얻은 벡터 $\vec{d}$를 내적하면,

$$\begin{aligned}\vec{a}\cdot(\vec{b}\times\vec{c})&=(a_1\vec{i}+a_2\vec{j}+a_3\vec{k})\cdot(d_1\vec{i}+d_2\vec{j}+d_3\vec{k})\\&=a_1d_1+a_2d_2+a_3d_3\end{aligned} \tag{4-3}$$

이다. 이것은 스칼라 삼중적의 결과로서 스칼라이다. 여기서, 우변의 괄호 내에 있는 d_1, d_2, d_3는 $\vec{b}$와 $\vec{c}$를 외적하여 얻은 결과 벡터 $\vec{d}$의 각 성분이므로 각각의 값은 다음과 같이 된다.

$$d_1=b_2c_3-b_3c_2,\ d_2=b_3c_1-b_1c_3,\ d_3=b_1c_2-b_2c_1 \tag{4-4}$$

스칼라 삼중적을 좀 더 쉽게 연산하기 위하여 행렬식을 사용한다. 스칼라 삼중적의 정의는

$$(\vec{a}\ \vec{b}\ \vec{c})=\vec{a}\cdot(\vec{b}\times\vec{c}) \tag{4-5}$$

이고, 우변의 $(\vec{b}\times\vec{c})$를 하나의 벡터 $\vec{d}$라 두고 기호행렬식을 사용하여 나타내면

$$\vec{d}=(\vec{b}\times\vec{c})=\begin{vmatrix}\vec{i}&\vec{j}&\vec{k}\\b_1&b_2&b_3\\c_1&c_2&c_3\end{vmatrix} \tag{4-6}$$

이다. 위 식을 제1행에 대하여 전개하면

$$\vec{d}=(\vec{b}\times\vec{c})=\begin{vmatrix}\vec{i} & \vec{j} & \vec{k}\\ b_1 & b_2 & b_3\\ c_1 & c_2 & c_3\end{vmatrix}=\begin{vmatrix}b_2 & b_3\\ c_2 & c_3\end{vmatrix}\vec{i}-\begin{vmatrix}b_1 & b_3\\ c_1 & c_3\end{vmatrix}\vec{j}+\begin{vmatrix}b_1 & b_2\\ c_1 & c_2\end{vmatrix}\vec{k} \tag{4-7}$$

이다. 벡터 $\vec{a}$와 벡터 $\vec{d}$의 내적을 취하는 것이 스칼라 삼중적이므로

$$(\vec{a}\ \vec{b}\ \vec{c})=\vec{a}\cdot(\vec{b}\times\vec{c})=\vec{a}\cdot\vec{d}=a_1\begin{vmatrix}b_2 & b_3\\ c_2 & c_3\end{vmatrix}+a_2\begin{vmatrix}b_3 & b_1\\ c_3 & c_1\end{vmatrix}+a_3\begin{vmatrix}b_1 & b_2\\ c_1 & c_2\end{vmatrix} \tag{4-8}$$

이다. 이 것은 1행이 a_1, a_2, a_3인 3×3행렬식을 1행에 대하여 전개한 식이므로 세 개의 벡터 $\vec{a}$, $\vec{b}$, $\vec{c}$의 스칼라 삼중적은 다음과 같은 3×3행렬식으로 표현될 수 있다.

$$(\vec{a}\ \vec{b}\ \vec{c})=\vec{a}\cdot(\vec{b}\times\vec{c})=\begin{vmatrix}a_1 & a_2 & a_3\\ b_1 & b_2 & b_3\\ c_1 & c_2 & c_3\end{vmatrix} \tag{4-9}$$

요약하면, 스칼라 삼중적의 최종 연산 결과는 스칼라가 되고, 스칼라 삼중적은 위에서처럼 3×3행렬식으로 표현될 수 있다. 또한 행렬식의 성질로부터 다음 관계가 성립한다.

$$\vec{a}\cdot(\vec{b}\times\vec{c})=\vec{c}\cdot(\vec{a}\times\vec{b})=(\vec{a}\times\vec{b})\cdot\vec{c} \tag{4-10}$$

예제

다음 스칼라 삼중적의 값을 행렬식을 이용하여 구하시오.

$$(2\vec{i}-3\vec{j})\cdot[(\vec{i}+\vec{j}-\vec{k})\times(3\vec{i}-\vec{k})]$$

풀이 스칼라 삼중적은 3×3 행렬식

$$\vec{a}\cdot(\vec{b}\times\vec{c})=\begin{vmatrix} a_1 & a_2 & a_3 \\ b_1 & b_2 & b_3 \\ c_1 & c_c & c_3 \end{vmatrix}$$

으로 나타내질 수 있으므로 주어진 식의 각 성분을 행렬식으로 나타내고 값을 계산하면,

$$(2\vec{i}-3\vec{j})\cdot[(\vec{i}+\vec{j}-\vec{k})\times(3\vec{i}-\vec{k})]=\begin{vmatrix} 2 & -3 & 0 \\ 1 & 1 & -1 \\ 3 & 0 & -1 \end{vmatrix}=4$$

4.1.2 스칼라 삼중적의 기하학적 의미

세 개의 벡터 $\vec{a}, \vec{b}, \vec{c}$에 의하여 결정되는 평행육면체의 체적 V는 다음과 같이 스칼라 삼중적의 절댓값이 된다.

$$V=|\vec{a}\cdot(\vec{b}\times\vec{c})| \tag{4-11}$$

그림과 같은 평행육면체에서, 밑면은 평행사변형이므로 밑면의 면적 A는 $A=|\vec{b}\times\vec{c}|$이다. θ를 $\vec{a}$와 $\vec{b}\times\vec{c}$의 사잇각이라 하면 평행육면체의 높이 h는 $h=|\vec{a}|\cos\theta$이 된다. 따라서 평행육면체의 체적 V는 스칼라 삼중적의 절댓값이 됨을 알 수 있다.

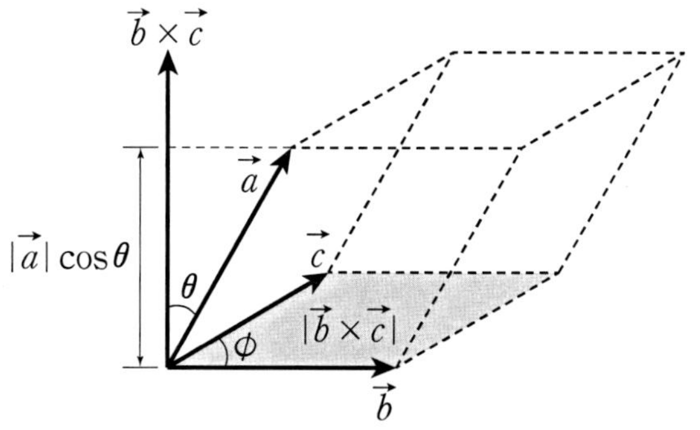

그림 4.1

$$V = A\times h = |\vec{a}||\vec{b}\times\vec{c}|\cos\theta = |\vec{a}\cdot(\vec{b}\times\vec{c})|$$

예제

다음과 같은 3개의 벡터가 평행육면체의 모서리일 때 이 평행육면체의 체적과 사면체의 체적을 구하시오.

$$\vec{a} = \vec{i} + 2k,\ \vec{b} = 4\vec{i} + 6\vec{j} + 2\vec{k},\ \vec{c} = 3\vec{i} + 3\vec{j} - 6\vec{k}$$

풀이 평행육면체의 체적 V_1는 스칼라 삼중적의 절댓값으로 나타내지므로

$$V_1 = |\vec{a}\cdot(\vec{b}\times\vec{c})| = \begin{vmatrix} 1 & 0 & 2 \\ 4 & 6 & 2 \\ 3 & 3 & -6 \end{vmatrix} = |-54| = 54$$

이고, 사면체의 체적은 평행육면체의 체적의 1/6이므로 사면체의 체적 V_2는

$$V_2 = 54/6 = 9$$

이다.

4.2 벡터 삼중적(vector triple product)

세 개의 벡터 $\vec{a}, \vec{b}, \vec{c}$가 R_3의 벡터일 때 $\vec{a}, \vec{b}, \vec{c}$의 벡터 삼중적은

$$\vec{a}\times(\vec{b}\times\vec{c}) \tag{4-13}$$

로 정의된다. 두 벡터를 외적한 결과를 나머지 하나의 벡터와 외적을 하는 연산이고 결과는 벡터가 된다. 벡터 삼중적은 다음과 같이 결합법칙이 성립하지 않는다.

$$\vec{a}\times(\vec{b}\times\vec{c})\neq(\vec{a}\times\vec{b})\times\vec{c} \tag{4-14}$$

예제

다음과 같이 주어지는 세 벡터에 대하여 벡터 삼중적 $\vec{a}\times(\vec{b}\times\vec{c})$와 $(\vec{a}\times\vec{b})\times\vec{c}$을 연산하여 $\vec{a}\times(\vec{b}\times\vec{c})\neq(\vec{a}\times\vec{b})\times\vec{c}$ 임을 보여라.

$$\vec{a}=2\vec{i}+\vec{j}+\vec{k},\ \vec{b}=\vec{i}-\vec{j}-\vec{k},\ \vec{c}=\vec{i}+2\vec{j}$$

풀이 $\vec{a}\times(\vec{b}\times\vec{c})=4\vec{i}-4\vec{j}-4\vec{k}$, $(\vec{a}\times\vec{b})\times\vec{c}=6\vec{i}-3\vec{j}-3\vec{k}$

따라서 $\vec{a}\times(\vec{b}\times\vec{c})\neq(\vec{a}\times\vec{b})\times\vec{c}$ 이다.

제5장

벡터함수의 미분과 응용

벡터함수(vector-valued function)란 함수의 값이 벡터인 함수이다. 일반적으로 정의역이 실수의 집합이고 치역이 벡터들의 집합으로 주어지는 함수를 일변수 벡터함수라 한다. 벡터함수에서는 시간을 나타내는 문자 t를 독립변수로 하여 벡터함수를 나타내는 일이 많이 있다. R_3에서 하나의 실변수 t의 벡터함수를 $\vec{f}(t)$라 하면

$$\vec{f}(t) = f_1(t)\vec{i} + f_2(t)\vec{j} + f_3(t)\vec{k} = [\, f_1(t), f_2(t), f_3(t) \,] \tag{5-1}$$

로 나타내진다. 여기서 $f_1(t)$, $f_2(t)$, $f_3(t)$는 $\vec{f}(t)$의 **성분함수**(component function)이고 $\vec{i}$, $\vec{j}$, $\vec{k}$는 표준기저벡터이다. 벡터함수 $\vec{f}(t)$는 변수 t의 함수이므로 $\vec{f}(t)$가 존재하는 계(界, field)내의 변수 t에 따라 변화한다.

5.1 벡터함수의 극한과 연속성

벡터함수 $\vec{f}(t) = f_1(t)\vec{i} + f_2(t)\vec{j} + f_3(t)\vec{k}$에 대하여 각 성분함수의 극한이 존재하면

$$\lim_{t \to a} \vec{f}(t) = \left[\lim_{t \to a} f_1(t)\right]\vec{i} + \left[\lim_{t \to a} f_2(t)\right]\vec{j} + \left[\lim_{t \to a} f_3(t)\right]\vec{k} \qquad (5\text{-}2)$$

로 정의하고

$$\lim_{t \to a} \vec{f}(t) = \vec{f}(a) \qquad (5\text{-}3)$$

가 만족될 때, 벡터함수 $\vec{f}(t)$는 $t = a$에서 연속이라 한다. 또한 극한의 정의로부터 $\vec{f}(t)$가 a에서 연속일 필요충분조건은 세 개의 성분함수 $f_1(t)$, $f_2(t)$, $f_3(t)$가 모두 a에서 연속임을 알 수 있다.

5.2 벡터함수의 도함수

벡터함수 $\vec{f}(t)$의 **도함수**(derivative) $\vec{f}'(t)$은 열린구간 I 내의 모든 t에 대하여 극한이 존재하는 경우에

$$\frac{d\vec{f}}{dt} = \vec{f}'(t) = \lim_{\Delta t \to 0} \frac{\vec{f}(t+\Delta t) - \vec{f}(t)}{\Delta t} \tag{5-4}$$

로 정의한다. 이 때 벡터함수 $\vec{f}$는 I에서 **미분가능**(differentiable)하다고 한다.

공역이 R^2인 벡터함수 $\vec{f}(t)$가

$$\vec{f}(t) = f_1(t)\vec{i} + f_2(t)\vec{j} \tag{5-5}$$

이면, $f_1'(t)$와 $f_2'(t)$가 존재하는 임의의 변수 t에 대하여 도함수의 정의를 적용하면

$$\begin{aligned} \vec{f}'(t) &= \lim_{\Delta t \to 0} \frac{\vec{f}(t+\Delta t) - \vec{f}(t)}{\Delta t} \\ &= \left[\lim_{\Delta t \to 0} \frac{f_1(t+\Delta t) - f_1(t)}{\Delta t}\right]\vec{i} + \left[\lim_{\Delta t \to 0} \frac{f_2(t+\Delta t) - f_2(t)}{\Delta t}\right]\vec{j} \end{aligned} \tag{5-6}$$

이다. 따라서

$$\vec{f}'(t) = f_1'(t)\vec{i} + f_2'(t)\vec{j} \tag{5-7}$$

가 성립한다.

공역이 R_3인 벡터함수 $\vec{f}(t)$에 대해서는

$$\vec{f}(t) = f_1(t)\vec{i} + f_2(t)\vec{j} + f_3(t)\vec{k}$$

이면, $f_1{}'(t)$와 $f_2{}'(t)$, $f_3{}'(t)$가 존재하는 임의의 변수 t에 대하여

$$\vec{f}'(t) = f_1{}'(t)\vec{i} + f_2{}'(t)\vec{j} + f_3{}'(t)\vec{k}$$

가 성립한다.

결론적으로 벡터함수의 도함수는 각 성분함수 별로 미분하여 구하면 됨을 알 수 있다.

예제

벡터함수 $\vec{f}(t)$ 가 $\vec{f}(t) = (\sin t)\vec{i} + e^{3t}\vec{j}$ 일 때 $\vec{f}(t)$ 의 도함수 $\vec{f}'(t)$ 를 구하시오.

풀이 $\vec{f}'(t) = \dfrac{d}{dt}(\sin t)\vec{i} + \dfrac{d}{dt}(e^{3t})\vec{j} = (\cos t)i + 3e^{3t}\vec{j}$

예제

벡터함수 $\vec{f}(t)$ 가 $\vec{f}(t) = t\vec{i} + t^2\vec{j} + t^3\vec{k}$ 일 때 $\vec{f}(t)$ 의 도함수 $\vec{f}'(t)$ 를 구하시오.

풀이 $\vec{f}'(t) = \dfrac{d}{dt}t\,\vec{i} + \dfrac{d}{dt}t^2\,\vec{j} + \dfrac{d}{dt}t^3\,\vec{k} = \vec{i} + 2t\,\vec{j} + 3t^2\,\vec{k}$

벡터함수에 대한 미분공식을 다음과 같이 정리한다. 여기서 c는 상수, $k(t)$는 미분가능한 실가함수이고, $\vec{f}(t)$와 $\vec{g}(t)$는 벡터함수이다.

(1) $\dfrac{d}{dt}[\,c\vec{f}(t)\,]=c\vec{f}'(t)$

(2) $\dfrac{d}{dt}[\,\vec{f}(t)+\vec{g}(t)\,]=\vec{f}'(t)+\vec{g}'(t)$

(3) $\dfrac{d}{dt}[\,\vec{f}(t)\cdot\vec{g}(t)\,]=\vec{f}'(t)\cdot\vec{g}(t)+\vec{f}(t)\cdot\vec{g}'(t)$

(4) $\dfrac{d}{dt}[\,k(t)\cdot\vec{g}(t)\,]=k'(t)\cdot\vec{g}(t)+k(t)\cdot\vec{g}'(t)$

(5) $\dfrac{d}{dt}[\,\vec{f}(t)\times\vec{g}(t)\,]=\vec{f}'(t)\times\vec{g}(t)+\vec{f}(t)\times\vec{g}'(t)$

(6) $\dfrac{d}{dt}[\,\vec{f}(t)\cdot\vec{g}(t)\times\vec{h}(t)\,]$

$=\vec{f}'(t)\cdot\vec{g}(t)\times\vec{h}(t)+\vec{f}(t)\cdot\vec{g}'(t)\times\vec{h}(t)+\vec{f}(t)\cdot\vec{g}(t)\times\vec{h}'(t)$

(7) $\dfrac{d}{dt}[\,\vec{f}(t)\times(\vec{g}(t)\times\vec{h}(t))\,]$

$=\vec{f}'(t)\times[\,\vec{g}(t)\times\vec{h}(t)\,]+\vec{f}(t)\times[\,\vec{g}'(t)\times\vec{h}(t)\,]+\vec{f}(t)\times[\,\vec{g}(t)\times\vec{h}'(t)\,]$

예제

두 벡터함수 $\vec{f}(t)=5t^2\vec{i}+t\vec{j}-t^3\vec{k}$, $\vec{g}(t)=\sin t\,\vec{i}-\cos t\,\vec{j}$의 내적(dot product)의 도함수를 구하시오.

풀이 방법1. 미분공식을 이용하는 방법

$$\frac{d}{dt}[\vec{f}(t)\cdot\vec{g}(t)]=\vec{f}'(t)\cdot\vec{g}(t)+\vec{f}(t)\cdot\vec{g}'(t)$$

$$=(10t\vec{i}+\vec{j}-3t^2\vec{k})\cdot(\sin t\,\vec{i}-\cos t\,\vec{j})+$$

$$(5t^2\vec{i}+t\vec{j}-t^3\vec{k})\cdot(\cos t\,\vec{i}+\sin t\,\vec{j})$$

$$=(5t^2-1)\cos t+11t\sin t$$

방법2. 두 벡터함수의 내적 연산을 먼저하고 그 결과를 미분하는 방법

$$\vec{f}(t)\cdot\vec{g}(t)=(5t^2\vec{i}+t\vec{j}-t^3\vec{k})\cdot(\sin t\,\vec{i}-\cos t\,\vec{j})=5t^2\sin t-t\cos t$$

$$\therefore\frac{d}{dt}[\vec{f}(t)\cdot\vec{g}(t)]=\frac{d}{dt}(5t^2\sin t-t\cos t)=(5t^2-1)\cos t+11t\sin t$$

5.3 벡터함수의 편도함수

벡터함수 $\vec{f}(t) = f_1\vec{i} + f_2\vec{j} + f_3\vec{k} = (f_1,\ f_2,\ \ f_3)$의 각 성분함수가 n개의 변수에 대하여 미분가능하다고 할 때, 변수 u, v에 대한 **편도함수**(partial derivative)는 다음과 같다.

$$\vec{f}_u = \frac{\partial \vec{f}}{\partial u} = \frac{\partial f_1}{\partial u}\vec{i} + \frac{\partial f_2}{\partial u}\vec{j} + \frac{\partial f_3}{\partial u}\vec{k} \tag{5-8}$$

$$\vec{f}_v = \frac{\partial \vec{f}}{\partial v} = \frac{\partial f_1}{\partial v}\vec{i} + \frac{\partial f_2}{\partial v}\vec{j} + \frac{\partial f_3}{\partial v}\vec{k} \tag{5-9}$$

또한 2계 편도함수는 다음과 같이 정의된다.

$$\vec{f}_{uu} = \frac{\partial^2 \vec{f}}{\partial u^2} = \frac{\partial}{\partial u}(\frac{\partial \vec{f}}{\partial u}) \tag{5-10}$$

$$\vec{f}_{uv} = \frac{\partial^2 \vec{f}}{\partial u \partial v} = \frac{\partial}{\partial u}(\frac{\partial \vec{f}}{\partial v}) \tag{5-11}$$

예제

$\vec{f}(u,v)=e^{uv}\vec{i}+(u-v)\vec{j}+u(\sin v)\vec{k}$ **일 때** $\vec{f}_u$ **와** $\vec{f}_{uu}$ **를 구하시오.**

풀이 1) $\vec{f}_u=\dfrac{\partial\vec{f}}{\partial u}=\dfrac{\partial f_1}{\partial u}\vec{i}+\dfrac{\partial f_2}{\partial u}\vec{j}+\dfrac{\partial f_3}{\partial u}\vec{k}$이므로

$$\vec{f}_u=\frac{\partial\vec{f}}{\partial u}=\frac{\partial e^{uv}}{\partial u}\vec{i}+\frac{\partial(u-v)}{\partial u}\vec{j}+\frac{\partial u(\sin v)}{\partial u}\vec{k}$$

$$=ve^{uv}\vec{i}+\vec{j}+(\sin v)\vec{k}$$

2) $\overrightarrow{f_{uu}}=\dfrac{\partial^2\vec{f}}{\partial u\partial u}=\dfrac{\partial}{\partial u}\left(\dfrac{\partial\vec{f}}{\partial u}\right)$이므로

$$\overrightarrow{f_{uu}}=\frac{\partial^2\vec{f}}{\partial u\partial u}=\frac{\partial}{\partial u}\left(\frac{\partial\vec{f}}{\partial u}\right)=\frac{\partial}{\partial u}(ve^{uv})\vec{i}+\frac{\partial}{\partial u}(1)\vec{j}+\frac{\partial}{\partial u}(\sin v)\vec{k}$$

$$=v^2e^{uv}\vec{i}$$

5.4 공간에서의 직선벡터와 접선벡터

5.4.1 직선의 벡터 방정식

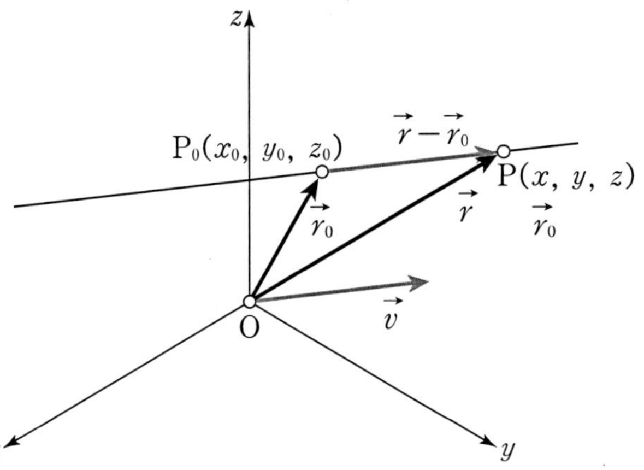

그림 5.1

그림의 x, y, z 직교좌표계 3차원 공간에서 직선 L 위의 한 점을 $P_0(x_0,\ y_0,\ z_0)$, 임의의 다른 한 점을 $P(x,y,z)$라 하자. P_0와 P의 위치벡터를 각각 $\vec{r_0}$, $\vec{r}$라 하고 직선 L과 평행한 벡터를 $\vec{v}$라 하자. P_0에서 P로 향하는 벡터는 $\vec{r}-\vec{r_0}$이고 $\vec{a}=\vec{r}-\vec{r_0}$라 하자. 그러면 $\vec{r}=\vec{r_0}+\vec{a}$ 이고, $\vec{a}$와 $\vec{v}$가 평행이므로 $\vec{a}=t\vec{v}$를 만족하는 스칼라 t가 존재하고 다음과 같은 직선 L의 벡터 방정식을 얻을 수 있다. 여기서 t를 **매개변수**라 한다.

직선 L의 벡터 방정식(vector equation) : $\vec{r}=\vec{r_0}+t\vec{v}$, 단 $t\in R$ (5-12)

벡터 $\vec{v}, \vec{r}, \vec{r}_0$는 모두 3차원 공간에서 성분을 가지므로 성분을 이용하여 벡터 방정식을 나타낼 수 있다. $\vec{v}=[a, b, c]$, $\vec{r}=[x, y, z]$, $\vec{r}_0=[x_0, y_0, z_0]$라 할 때 **직선의 벡터 방정식**은

$$\vec{r}=\vec{r}_0+t\vec{v}$$

이므로 다음과 같이 표현할 수 있다.

$$[x, y, z]=[x_0, y_0, z_0]+[ta, tb, tc] \tag{5-13}$$

이로부터 다음의 관계식을 얻을 수 있다.

$$x=x_0+ta,\ y=y_0+tb,\ z=z_0+tc \tag{5-14}$$

이것을 점 $P_0(x_0,\ y_0,\ z_0)$를 지나고 벡터 $\vec{v}$에 평행한 직선 L의 **매개변수 방정식**(parametric equation)이라 한다.

예제

직교좌표계로 표현되는 3차원 공간 속에서 한 점 $P_0(3,\ 4,\ 5)$를 지나고 벡터 $\vec{v}$와 평행한 직선 L의 벡터 방정식과 매개변수 방정식을 구하시오. 단, $\vec{v} = 2i + 3j + 4k$ 이다.

풀이 P_0의 위치벡터는 $\vec{r}_0 = 3\vec{i} + 4\vec{j} + 5\vec{k}$,

직선 L과 평행한 벡터는 $\vec{v} = 2\vec{i} + 3\vec{j} + 4\vec{k}$이므로 직선의 벡터 방정식은

$\vec{r} = \vec{r}_0 + t\vec{v} = (3\vec{i} + 4\vec{j} + 5\vec{k}) + t(2\vec{i} + 3\vec{j} + 4\vec{k})$

$= (3+2t)\vec{i} + (4+3t)\vec{j} + (5+4t)\vec{k}$

이다.

또한 벡터 $\vec{r} = [x, y, z]$이라 하면 매개변수 방정식은 다음과 같다.

$x = 3+2t,\ y = 4+3t,\ z = 5+4t$

5.4.2 곡선의 접선벡터

직교좌표계에서 스칼라 변수 t의 벡터함수 $\vec{f}(t)$는

$$\vec{f}(t) = f_1(t)\vec{i} + f_2(t)\vec{j} + f_3(t)\vec{k} \tag{5-15}$$

로 표현되고, 여기서 $f_1(t), f_2(t), f_3(t)$ 는 성분함수로써 스칼라이다. 이 때 변수 t에 대하여 시점이 공간좌표의 원점에 있고 종점이 공간상의 점 P로 되는 위치벡터 $\vec{r}(t)$를 생각할 수 있다. 위치벡터는 공간의 점의 위치를 표시하는 목적으로 사용되는 벡터이다. 위치벡터의 물리적 의미를 생각하기 위하여 $\vec{r}(t)$를 움직이는 물체의 위치를 나타내는 벡터라고 하면 이 위치벡터 $\vec{r}(t)$의 집합은 **공간곡선**(space curve) C를 나타낸다.

$$\vec{r}(t) = x\vec{i} + y\vec{j} + z\vec{k} \tag{5-16}$$

여기서 $\vec{r}(t)$는 변수 t의 벡터 함수이므로

$$x = f_1(t),\ y = f_2(t),\ z = f_3(t) \tag{5-17}$$

이고, 이것을 곡선 C의 매개변수 방정식, t를 매개변수라 한다.

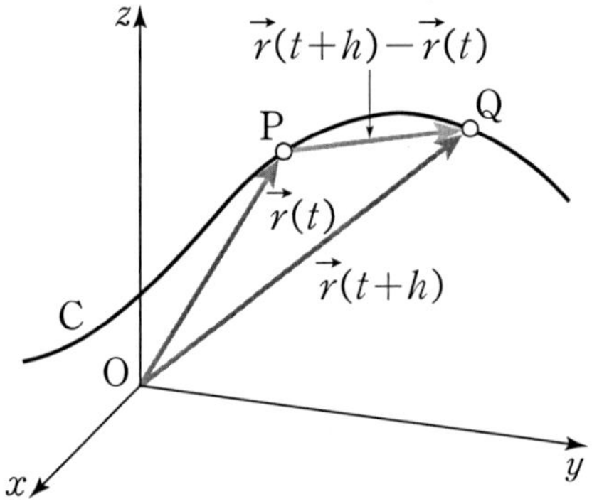

(a) 할선벡터 $\overrightarrow{PQ}$

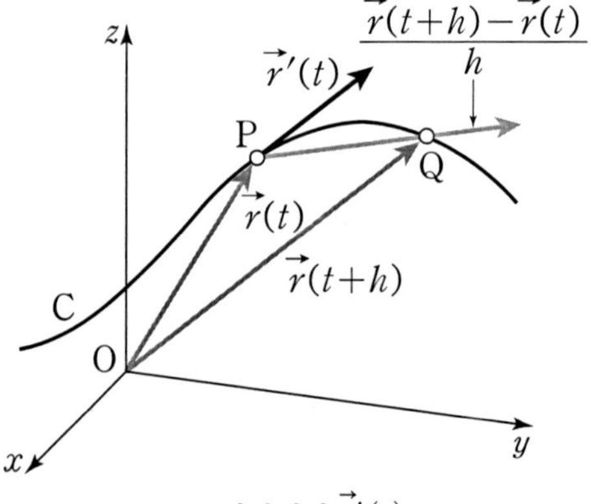

(b) 접선벡터 $\vec{r}'(t)$

그림 5.2

그림에서 $\vec{r}(t+h)-\vec{r}(t)$는 **할선벡터**(secant line vector) $\overrightarrow{PQ}$이다. $\vec{r}(t+h)-\vec{r}(t)$를 h로 나눈 값도 벡터이고 방향은 할선벡터와 같은 방향이다. $h \to 0$에 따라 이 할선벡터는 C의 접선방향에 접근한다. 곡선 C를 따라 P에 접근하는 점 Q에 대하여 P와 Q를 지나는 직선(할선)의 극한을 점 P에서의 접선으로 정의하고 극한을 취하면 점 P에서의 도함수가 된다.

$$\lim_{h \to 0}\frac{\Delta\vec{r}(t)}{h}=\lim_{h \to 0}\frac{\vec{r}(t+h)-\vec{r}(t)}{h}=\vec{r}'(t) \tag{5-18}$$

따라서 벡터 $\vec{r}'(t)$는 점 P에서 접선과 같은 방향을 가지므로 곡선 C의 **접선벡터**(tangent vector)이다. 즉 위치벡터의 미분은 접선벡터이다.

$\vec{r}'(t)$는 벡터이므로 이것의 단위벡터 $\vec{u}$를 다음과 같이 생각할 수 있다.

$$\vec{u}=\frac{\vec{r}'(t)}{|\vec{r}'(t)|} \tag{5-19}$$

$\vec{u}$를 **단위접선벡터**(unit tangent vector)라 한다.

예제

공간상의 곡선 C는 움직이는 물체의 경로이고 원점에서 C의 한 점까지의 위치벡터는 $\vec{r}(t)=x(t)\vec{i}+y(t)\vec{j}+z(t)\vec{k}$로 나타내지고, $x=t^2+1$, $y=4t-3$, $z=2t^2-6t$이다.

C위의 한 점 P에서의 접선벡터와 $t=2$일 때의 단위접선벡터를 구하시오.

풀이 곡선 상의 어떤 점에서의 접선벡터는 $\vec{r}'(t)$이다. 따라서

위치벡터 :

$$\vec{r}(t)=x(t)\vec{i}+y(t)\vec{j}+z(t)\vec{k}=(t^2+1)\vec{i}+(4t-3)\vec{j}+(2t^2-6t)\vec{k}$$

접선벡터 :

$$\vec{r}'(t)=2t\vec{i}+4\vec{j}+(4t-6)\vec{k}$$

이고,

단위접선벡터 $\vec{u}(t)$는

$$\vec{u}(t)=\frac{\vec{r}'(t)}{|\vec{r}(t)|}=\frac{2t\vec{i}+4\vec{j}+(4t-6)\vec{k}}{\sqrt{(2t)^2+4^2+(4t-6)^2}}$$

이므로,

$t=2$에서의 단위접선벡터는

$$\vec{u}(t=2)=\frac{2}{3}\vec{i}+\frac{2}{3}\vec{j}+\frac{1}{3}\vec{k}$$

이다.

예제

한 입자가 $x-y$ 평면에서 원점을 중심으로 반경이 R인 원 C를 따라 반시계 방향으로 움직이고 입자의 동점 P는 위치벡터 $\vec{r}(t)=Rcos\omega t\,\vec{i}+Rsin\omega t\,\vec{j}$로 나타내질 때 다음을 설명하시오.

1) 입자의 속도 $\vec{v}(t)$는 $\vec{r}(t)$에 수직이다.

2) 가속도 벡터 $\vec{a}(t)$는 원점을 향하고 그 크기는 원점으로 부터의 거리에 비례한다.

풀이 1) 입자의 속도 $\vec{v}(t)$는 $\vec{r}(t)$에 수직이다.

점 P에서의 접선벡터를 $\vec{r}'(t)$라 하면, $\vec{r}'(t)=\dfrac{d\vec{r}(t)}{dt}=\vec{v}(t)$이므로

입자의 속도 벡터 $\vec{v}(t)$는

$\vec{v}(t)=-R\omega\sin\omega t\,\vec{i}+R\omega\cos\omega t\,\vec{j}$

이다. 위치벡터 $\vec{r}(t)$와 속도벡터 $\vec{v}(t)$를 내적하면

$\vec{r}'(t)\cdot\vec{v}(t)=-R^2\omega\cos\omega t\sin\omega t+R^2\omega\sin\omega t\cos\omega t=0$

따라서 두 벡터 $\vec{r}(t)$와 $\vec{v}(t)$의 내적의 결과가 0이므로 $\vec{r}(t)$와 $\vec{v}(t)$는 수직이다.

2) 가속도 벡터 $\vec{a}(t)$는 원점을 향하고 그 크기는 입자의 원점으로 부터의 거리에 비례한다.

가속도 벡터 $\vec{a}(t)=\dfrac{d\vec{v}(t)}{dt}$이고

속도 벡터는 $\vec{v}(t)=-R\omega\sin\omega t\,\vec{i}+R\omega\cos\omega t\,\vec{j}$ 이므로

$\vec{a}(t)=-\omega^2(Rcos\omega t\,\vec{i}+Rsin\omega t\,\vec{j})=-\omega^2\vec{r}(t)$이다.

따라서 가속도 벡터는 위치 벡터 $\vec{r}(t)$와 반대 방향이므로 원점을 향함을 알 수 있다.

또한 가속도 벡터의 크기 $|\vec{a}(t)|$는

$|\vec{a}(t)|=|-\omega^2||\vec{r}(t)|=|-\omega^2||\sqrt{R^2(\cos^2\omega t+\sin^2\omega t)}|=\omega^2R$이므로

가속도벡터의 크기는 입자의 원점으로 부터의 거리에 비례함을 알 수 있다.

제6장

벡터함수로서의 경도(gradient), 발산(divergence), 회전(curl)

스칼라 장(scalar field)이나 **벡터 장**(vector field)의 정의와 연산은 공학적, 물리적 현상을 나타낼 때 사용되는 중요한 수학적 도구이며 방법이다. **경도**(gradient), **발산**(divergence), **회전**(curl, rotation) 모두 "nabla" 또는 "del"이라 불리는 벡터미분연산자(vector differential operator) ∇를 사용하여 나타낼 수 있으며, ∇는 다음과 같이 정의된다.

$$\nabla = \frac{\partial}{\partial x}\vec{i} + \frac{\partial}{\partial y}\vec{j} + \frac{\partial}{\partial z}\vec{k} = \left[\frac{\partial}{\partial x}, \frac{\partial}{\partial y}, \frac{\partial}{\partial z}\right] \tag{6-1}$$

여기서는 세 가지 벡터 연산 즉, **스칼라 장에 대한 경도**(gradient of a scalar field), **벡터 장에 대한 발산**(divergence of a vector field), **벡터 장에 대한 회전**(curl of a vector field)에 대하여 살펴본다.

6.1 경도(gradient)

6.1.1 경도의 정의 및 개괄

Gradient에 대한 우리말 번역에는 경도, 기울기, 또는 그래디언트(gradient) 등이 있으며, "a hill with a gradient of 15%"처럼 도로나 철도의 기울기, 온도의 변화 정도, 전위와 같은 퍼텐셜의 기울기 등을 나타낼 때 사용되는 용어이다. 여기서는 gradient를 경도라고 표기하기로 한다. 수학적으로 경도는 공간에서 임의의 방향으로의 스칼라함수의 변화율을 구하거나, 어떤 표면의 법선 벡터를 구할 때 그리고 스칼라 장(field)를 이용하여 벡터장을 구할 때도 사용된다. 또한 함수의 값이 스칼라로 주어지는 함수를 **벡터함수**와 대비하여 **스칼라함수** 또는 **스칼라장**(scalar field)으로 부른다.

$f(x, y, z)$가 x, y, z 직교좌표계로 나타낼 수 있는 3차원 실수공간 R^3에서, 일계 편도함수를 갖는 미분 가능한 삼변수 함수일 때, 이 함수의 **경도** 또는 **경도 벡터장**(gradient vector field)은 다음과 같은 벡터함수로 정의된다.

$$grad\, f(x, y, z) = \nabla f(x, y, z) = \frac{\partial f}{\partial x}\vec{i} + \frac{\partial f}{\partial y}\vec{j} + \frac{\partial f}{\partial z}\vec{k}$$

$$= \left[\frac{\partial f}{\partial x}, \frac{\partial f}{\partial y}, \frac{\partial f}{\partial z}\right] \tag{6-2}$$

여기서 $\nabla = \frac{\partial}{\partial x}\vec{i} + \frac{\partial}{\partial y}\vec{j} + \frac{\partial}{\partial z}\vec{k}$(벡터미분연산자)이다.

여기서는 3차원 실수 공간에서의 경도 벡터장을 정의하였으나 2차원 평면에서도 정의할 수 있다.

$f(x,y)$가 R^2에서 일계 편도함수를 갖는 이변수함수일 때, f의 경도 벡터장 $grad\, f$는

$$grad\, f = \nabla f = \frac{\partial f}{\partial x}\vec{i} + \frac{\partial f}{\partial y}\vec{j} = \left[\frac{\partial f}{\partial x}, \frac{\partial f}{\partial y}\right] \tag{6-3}$$

이상으로부터 스칼라함수에 대한 경도를 취하면 벡터함수가 된다는 것을 알 수 있다. 또 한 가지 중요한 점은, 스칼라 장 f에 대한 경도는 스칼라 장 f가 가장 급격하게 변화하는 방향을 가리킨다는 점이며 이에 대한 세부 내용은 뒤에서 설명한다.

예제

스칼라 함수 $f(x,\, y,\, z) = 2x + yz + 3y^2$에 대한 경도 벡터장 $\vec{F}$을 구하시오.

풀이 경도 벡터장의 정의에 따라 연산하면 $grad\, f$는 다음과 같이 된다.

$\vec{F} = grad\, f = \nabla f = 2\vec{i} + (z + 6y)\vec{j} + y\vec{k}$

예제

하나의 벡터장 $\vec{F}$가 다음의 스칼라 함수 f의 경도로 정해질 때 $\vec{F}$와 P에서의 그 벡터장의 값을 구하시오.

$$f = \cos x \cosh y,\ P: \left(\frac{\pi}{2},\ \ln 2\right)$$

풀이 $\vec{F} = grad f = \nabla f = \left(\frac{\partial}{\partial x}\vec{i} + \frac{\partial}{\partial y}\vec{j} + \frac{\partial}{\partial z}\vec{k}\right)(\cos x \cosh y)$

$$= (-\sin x \cosh y)\vec{i} + (\cos x \sinh y)\vec{j}$$

점 P의 값을 대입하면 P에서의 벡터장 $\vec{F}(p)$는 다음과 같다.

$$\vec{F}(p) = \left[-\sin\frac{\pi}{2}\cos(\ln 2),\ \cos\frac{\pi}{2}\sinh(\ln 2)\right]$$

위에서 예로 든 것처럼 하나의 벡터함수 $\vec{F}(p)$가 스칼라함수 $f(p)$의 경도를 취하여 얻어질 때 $f(p)$를 **퍼텐셜**(potential) 또는 **퍼텐셜함수**(potential function)라 한다.

$$\vec{F}(p) = \text{grad}\, f(p) = \nabla f(p), \quad f(p) : \text{potential}$$

또한 $\vec{F} = \nabla f$를 만족하는 함수 f가 존재할 때 $\vec{F}$를 **보존벡터장**(conservative vector field)이라 한다.

경도의 선형성

f와 g가 직교좌표계로 표시되는 공간상에서 일계 편도함수를 갖는 스칼라장일 때 모든 스칼라 a에 대하여 다음과 같은 선형성이 성립한다.

$$\nabla(af) = a\nabla f \tag{6-4}$$

$$\nabla(f+g) = \nabla f + \nabla g \tag{6-5}$$

6.1.2 경도의 물리적 의미

중력과 위치에너지의 관계

중력 $\overrightarrow{F_z}$가 작용하는 중력장 내 한 점 P에 어떤 물체가 있다면 이 물체의 위치에너지 W는 거리 z에 따라 변화한다. 만약 점 P의 위치가 P'으로 dz 만큼 하강하였다면 이 물체의 위치에너지의 감소량 $-dW$는

$$-dW = \overrightarrow{F_z} \cdot \overrightarrow{dz} = F_z dz\,[J] \tag{6-6}$$

이 되고, 이것은 중력이 행한 일로써 힘과 거리의 곱이다. 반대로 점 P보다 P'이 더 높은 점에 위치하고 있어 중력에 반하여 물체를 P에서 P'으로 dz만큼 이동시키면 물체의 위치에너지는 dW만큼 증가하게 되고 이에 필요한 일은

$$dW = -\overrightarrow{F_z} \cdot \overrightarrow{dz} = -F_z dz\,[J] \tag{6-7}$$

이고 이것은 중력에 반하여, 즉 중력의 반대방향으로 일을 한 것이다.

중력장 내 점 P의 위치가 P'으로 dz 만큼 하강한 경우를 생각한다. 중력장 내 임의의 점 P에 작용하는 힘의 크기 F_z은

$$F_z = -\frac{dW}{dz}[N] \tag{6-8}$$

이다. 3차원 공간 내에 있는 점이 P에서 P'으로 위치가 변경되었다고 하면, 점 P의 위치에너지를 $W(x, y, z)$라 할 때 x축, y축, z축 방향으로의 힘의 성분 F_x, F_y, F_z은 각각

$$F_x = -\frac{\partial W}{\partial x},\ F_y = -\frac{\partial W}{\partial y},\ F_z = -\frac{\partial W}{\partial z} \tag{6-9}$$

이므로 점 P에 작용하는 힘 $\vec{F}[N]$는

$$\begin{aligned}\vec{F} &= F_x\vec{i} + F_y\vec{j} + F_z\vec{k} = -\left(\frac{\partial}{\partial x}\vec{i} + \frac{\partial}{\partial y}\vec{j} + \frac{\partial}{\partial z}\vec{k}\right)W \\ &= -\nabla W \\ &= -grad\, W\end{aligned} \tag{6-10}$$

이다. 식에서 알 수 있는 바와 같이 ∇W는 위치에너지 W의 각 축 방향으로 미소 길이 dx, dy, dz에 대한 변화율이다.

■ 전계의 세기(electric field intensity)와 전위경도(electric potential gradient) 관계

전계의 세기($\vec{E}$)는 하나의 전하가 존재하는 벡터 계에서 그 전하가, 크기가 $+1C$인 시험전하에 작용하는 힘으로 정의된다. 이 시험전하를 전계와 반대 방향으로 이동시키려면 전계와 반대방향의 힘을 가해야 하고 이는 외부에서 에너지를 소비하여 일을 해야 하는 것을 의미한다. 또한 전계의 방향으로 전하를 이동시키려면 외부에서 일을 하지 않고 전계가 일을 하게 된다.

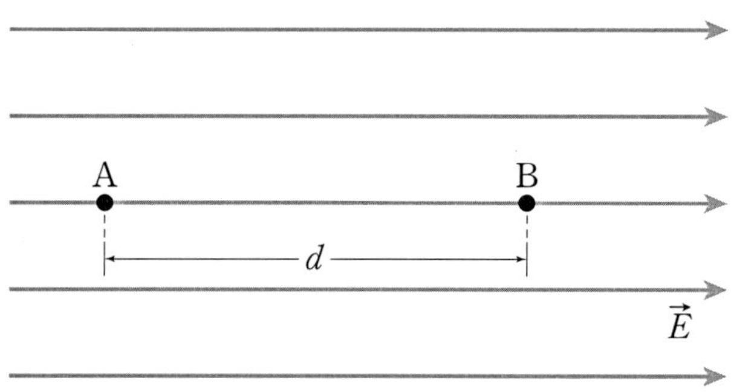

그림 6.1

전계 내의 한 점 B에서 다른 한 점 A까지 전계의 방향에 반하여 전하 Q를 거리 d만큼 이동시킨다면 이 때 소요되는 일(W)는 역학에서와 같이 힘과 거리의 곱이 되므로

$$W = -\vec{F}\cdot\vec{d} = -Fd \tag{6-11}$$

이다. 여기서 (−) 부호가 붙은 것은 일을 해야 하는 방향이 전계와 반대방향이어서 외부에서 일을 가해야 하는 것을 의미한다.

전하 Q가 아니고 단위 정전하($1C$)를 미소 길이 dL만큼 전계의 방향에 반하여 점B에서 다른 한 점 A까지 이동시키는 데 외부로부터 일을 필요로 하는 경우, 점 A는 점 B 보다 **전기적 위치에너지(전위**, electric potential)가 높다고 하며 이 때 소요되는 일(에너지) $\triangle V$는

$$\triangle V = -\vec{E} \cdot \triangle \vec{L} = -E \triangle L \tag{6-12}$$

여기서 전계 벡터 $-\vec{E}$와 방향을 가진 길이 벡터 $\triangle \vec{L}$을 내적한 것은 두 벡터의 방향이 임의의 방향일 경우 전위를 정의하기 위함이나 여기서는 동일한 방향이므로 단순한 곱과 같게 된다. 만일 $\vec{E}$와 $\triangle \vec{L}$의 사이각이 θ라고 하면

$$\triangle V = -\vec{E} \cdot \triangle \vec{L} = -E \triangle L \cos\theta \tag{6-13}$$

극한 값을 취하면

$$\lim_{\nabla L \to 0} \frac{\triangle V}{\triangle L} = \frac{dV}{dL} = -E\cos\theta \tag{6-14}$$

이고, dV/dL의 최대값은 $\cos\theta = -1$일 때, 즉 $\theta = 180°$가 되어 $\triangle \vec{L}$의 방향이 $\vec{E}$의 방향과 반대 방향일 때 발생하며 그 값은 E임을 알 수 있다.

$$\left.\frac{dV}{dL}\right|_{\max} = E : \triangle \vec{L}\textbf{의 방향이 } \vec{E}\textbf{의 방향과 반대일 때}$$

전계 $\vec{E}$의 작용으로 단위정전하가 $d\vec{L}$만큼 이동되어 전위가 $-dV$만큼 감소되었다면, 이 전위의 감소는 전계가 행한 일의 결과이고 이를 식으로 나타내면 다음과 같다.

$$-dV = \vec{E} \cdot d\vec{L} \tag{6-15}$$

이 관계를 3차원 공간에서 생각하면, 전위는 x, y, z의 함수 $V = f(x,\ y,\ z)$이므로 다음과 같이 전계의 각 성분과 전위와의 관계를 생각할 수 있다.

x**축 방향** : $-dV(x) = E_x dx \rightarrow E_x = -\dfrac{dV(x)}{dx} = -\dfrac{\partial V(x,\ y,\ z)}{\partial x}\ [V/m]$

y**축 방향** : $-dV(y) = E_y dy \rightarrow E_y = -\dfrac{dV(y)}{dy} = -\dfrac{\partial V(x,\ y,\ z)}{\partial y}\ [V/m]$

z**축 방향** : $-dV(z) = E_z dz \rightarrow E_z = -\dfrac{dV(z)}{dz} = -\dfrac{\partial V(x,\ y,\ z)}{\partial x}\ [V/m]$

이제 경도의 정의를 전계의 세기에 적용한다. 전계의 세기 $\vec{E}$는 x, y, z 방향으로의 각 성분을 가지므로

$$\vec{E} = E_x \vec{i} + E_y \vec{j} + E_z \vec{k} \tag{6-16}$$

로 쓸 수 있고, 위에서 도출한 전계의 각 성분과 전위와의 관계를 생각하면 다음과 같은 식이 된다.

$$\vec{E} = E_x \vec{i} + E_y \vec{j} + E_z \vec{k} = -\left(\frac{\partial V}{\partial x}\vec{i} + \frac{\partial V}{\partial y}\vec{j} + \frac{\partial V}{\partial z}\vec{k}\right)$$

$$= -\left(\frac{\partial}{\partial x}\vec{i} + \frac{\partial}{\partial y}\vec{j} + \frac{\partial}{\partial z}\vec{k}\right)V$$

결국 전계 $\vec{E}$는 벡터미분연산자, $\nabla = \dfrac{\partial}{\partial x}\vec{i} + \dfrac{\partial}{\partial y}\vec{j} + \dfrac{\partial}{\partial z}\vec{k}$를 사용하여 나타내면

$$\vec{E} = -\nabla V = -grad\, V\,[V/m] \tag{6-17}$$

이다. 이 식의 우변은 전위 $V(x,y,z)$의 x, y, z방향으로의 길이에 대한 경도(gradient)이므로 이를 **전위경도**(electric potential gradient)라 한다. 이러한 관계는 원통좌표계와 구좌표계에서도 적용되나 여기서는 직교좌표계에서의 경우만 기술하기로 한다.

앞에서 특정 방향 $\Delta\vec{L}$에 대한 전위의 변화율은 $dV/dL = -E\cos\theta$이고, dV/dL의 최대값은 $\cos\theta = -1$일 때, 즉 $\theta = 180°$가 되어 $\Delta\vec{L}$의 방향이 $\vec{E}$의 방향과 반대 방향일 때 발생하며 그 값은 E 임을 알았다.

따라서 전계 $\vec{E}$와 전위 V의 관계는 전계의 크기와 전계의 방향의 관점에서 다음과 같은 특징을 갖는다.

1) $\vec{E}$**의 크기,** E **: 거리에 대한 전위의 변화율의 최대값과 동일**

2) $\vec{E}$**의 방향 : 전위가 가장 빠르게 증가하고 있는 방향과 반대**

이를 달리 표현하면, **전위의 변화가 크면 전계가 강하게 작용하고 전계는 전위가 가장 가파르게 낮아지는 방향으로 향함을 의미한다.**

예제

공간상의 전위가 $V = 2x^2y - 5z$로 표시될 때 점 $P(4,\ 3,\ 6)$에서의 전위, 전계의 세기 $\vec{E}$, 전계의 크기, 전계의 방향을 각각 구하시오.

풀이 점 $P(4,\ 3,\ 6)$에서의 전위 V_p는

$$V_p = 2(-4)^2(3) - 5(6) = 66\ [V]$$

전계의 세기 $\vec{E}$는 전위 V에 대한 경도의 $(-)$이므로

$$\vec{E} = -\nabla V = -\left(\frac{\partial V}{\partial x}\vec{i} + \frac{\partial V}{\partial y}\vec{j} + \frac{\partial V}{\partial z}\vec{k}\right)$$

$$= -4xy\,\vec{i} - 2x^2\,\vec{j} + 5\,\vec{k}\,[\mathrm{V/m}]$$

점 P에서 전계의 세기 $\vec{E}_p$는

$$\vec{E}_p = 48\,\vec{i} - 32\,\vec{j} + 5\,\vec{k}\,[\mathrm{V/m}]$$

점 P에서의 전계의 크기 $|\vec{E}_p|$와 점 P에서 전계 $\vec{E}$의 방향을 단위벡터 $\vec{a}_E$로 나타내면 각각 다음과 같다.

$$|\vec{E}_p| = \sqrt{48^2 + (-32)^2 + 5^2} = 57.9\,[\mathrm{V/m}]$$

$$\vec{a}_E = (48\,\vec{i} - 32\,\vec{j} + 5\,\vec{k})/57.9 = 0.829\,\vec{i} - 0.533\,\vec{j} + 0.086\,\vec{k}$$

예제

공간상의 점전하 $Q[C]$ 에 의한 한 점의 전위가 $V=\dfrac{1}{4\pi\epsilon_0}\dfrac{Q}{r}[V]$ 이고 원점에서 한 점까지의 위치벡터는 $\vec{r}=x\vec{i}+y\vec{j}+z\vec{k}$ 로 표시될 때 전위 V로부터 전계 $\vec{E}$를 구하시오.

풀이 전계 $\vec{E}$는 전위 V와 다음과 같은 관계가 있다.

$$\vec{E}=-\nabla V=-grad\,V$$

따라서

$$\vec{E}=-grad\,V=-grad\left(\frac{1}{4\pi\epsilon_0}\frac{Q}{r}\right)=-\frac{Q}{4\pi\epsilon_0}grad\left(\frac{1}{r}\right)$$

원점에서 한 점까지의 거리 r은 주어진 위치벡터 $\vec{r}=x\vec{i}+y\vec{j}+z\vec{k}$ 로부터

$$r=|\vec{r}|=|x\vec{i}+y\vec{j}+z\vec{k}|=\sqrt{x^2+y^2+z^2}=(x^2+y^2+z^2)^{\frac{1}{2}}$$

$$\frac{1}{r}=(x^2+y^2+z^2)^{-\frac{1}{2}}$$

전계 $\vec{E}$는

$$\vec{E}=-grad\,V=-\frac{Q}{4\pi\epsilon_0}grad\left(\frac{1}{r}\right)$$

이고, $grad\dfrac{1}{r}$을 연산하면

$$grad\frac{1}{r}=\nabla\frac{1}{r}=\left(\frac{\partial}{\partial x}\vec{i}+\frac{\partial}{\partial y}\vec{j}+\frac{\partial}{\partial z}\vec{k}\right)(x^2+y^2+z^2)^{-\frac{1}{2}}$$

$$=-\frac{1}{r^3}(x\vec{i}+y\vec{j}+z\vec{k})$$

$$=-\frac{1}{r^3}\vec{r}=-\frac{1}{r^2}\frac{\vec{r}}{r}=-\frac{1}{r^2}\vec{a}_r$$

여기서 $\vec{a}_r=\dfrac{\vec{r}}{r}$(단위벡터)이다. 따라서 전위 V로부터 전계 $\vec{E}$를 구하면 다음과 같다.

$$\vec{E}=-grad\,V=\frac{Q}{4\pi\epsilon_0 r^2}\vec{a}_r\,[\mathrm{V/m}]$$

6.1.3 곡면의 법선벡터로서의 경도(gradient as surface normal vector)

공간상에 곡면 S가 있고 S는 다음과 같이 표현되는 스칼라 함수 f의 **등위곡면**(level surface)라 하자.

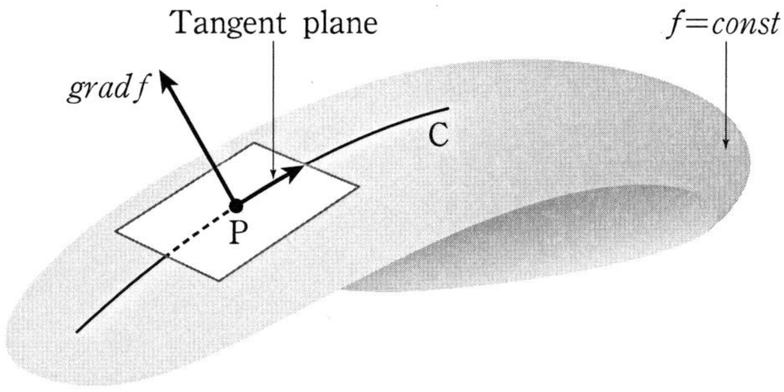

그림 6.2

$f(x,y,z)=c$: 곡면 S상의 점 P를 통과하는 곡면 S상의 곡선

원점에서 점 P까지의 벡터 $\vec{r}(t)$는 다음과 같이 표현될 수 있다.

$$\vec{r}(t)=x(t)\vec{i}+y(t)\vec{j}+z(t)\vec{k} \tag{6-18}$$

벡터 $\vec{r}(t)$의 미분 $\vec{r}'(t)$는

$$\vec{r}'(t)=x'(t)\vec{i}+y'(t)\vec{j}+z'(t)\vec{k} \tag{6-19}$$

이고, 이것은 점 P에서 c의 **접선벡터** (tangent vector of the curve)이다. S상의 점 P를 지나는 S상의 모든 곡면의 접선벡터들은 하나의 평면을 구성하고 이 평면을 P에서의 S의 **접평면**(tangent plane)이라 한다. 또한 P를 지나고 접평면에 수직인 직선이 P에서 곡면 S의 **법선**(surface normal)이며, 이 법선과 평행한 벡터가 P에서 곡

면 S의 **법선벡터**(surface normal vector)이다.

점 P에서 곡면 S의 법선벡터를 구해본다. c가 곡면 S 위에 놓여 있으므로 $\vec{r}(t)$의 각 성분은 **곡면 방정식**(surface equation) $f(x,\ y,\ z)=c$를 만족하여야 한다.
따라서

$$f(x(t),\, y(t),\, z(t))=c \tag{6-20}$$

이고 이 식을 t에 관하여 미분하면

$$\frac{\partial f}{\partial x}\frac{dx}{dt}+\frac{\partial f}{\partial y}\frac{dy}{dt}+\frac{\partial f}{\partial z}\frac{dz}{dt}=0 \tag{6-21}$$

$$\frac{\partial f}{\partial x}x'+\frac{\partial f}{\partial y}y'+\frac{\partial f}{\partial z}z'=0 \tag{6-22}$$

이 된다. $f(x,y,z)=c$를 미분하는 방법에 관해서는 다음에 기술하는 **연쇄법칙**(chain rule)을 참고하기 바란다.

$f(x,y,z)=c$를 미분하여 얻은 위의 식은 $grad f$와 접선벡터 $\vec{r}'(t)$를 내적하여 얻을 수 있으므로

$$(grad f)\cdot\vec{r}'(t)=0 \tag{6-23}$$

이고, $grad f$는 접선벡터 $\vec{r}'(t)$과 수직이 된다. $\vec{r}'(t)$는 C와 S에 대하여 접선벡터이므로 $grad f$는 점 P에서 곡면 S의 법선벡터가 된다.

예제

하나의 원뿔면 S가 $Z^2 = 5(x^2 + y^2)$으로 주어질 때 원뿔면 위의 한 점 $P:(1,0,3)$에서의 법선벡터와 단위법선벡터를 구하시오.

풀이 이 원뿔면에 대한 곡면 함수(surface function)은

$f(x,\ y,\ z) = 5(x^2 + y^2) - z^2 = 0$

이다.

f에 대한 경도 $grad\,f$가 곡면 S의 법선벡터이므로 이 법선벡터를 $\overrightarrow{N}$이라 하면

$\overrightarrow{N} = grad\,f = 10x\,\vec{i} + 10y\,\vec{j} - 2z\,\vec{k}$

이다.

점 P에서 S의 법선벡터를 $\overrightarrow{N}(p)$라 하면

$\overrightarrow{N}(p) = grad\,f(p) = 10(1)\,\vec{i} + 10(0)\,\vec{j} - 2(3)\,\vec{k} = 10\,\vec{i} - 6\,\vec{k}$

이다.

점 P에서 S의 단위법선벡터를 $\vec{n}(p)$라 하면

$\vec{n}(p) = \dfrac{grad\,f}{|grad\,f(p)|} = \dfrac{10\,\vec{i} - 6\,\vec{k}}{|10\,\vec{i} - 6\,\vec{k}|} = \dfrac{1}{\sqrt{136}}(10\,\vec{i} - 6\,\vec{k})$

이 되고, 점 P에서 또 하나의 S의 단위법선벡터는 $-\vec{n}(p)$이다.

참고 **연쇄법칙(chain rule)**

고등학교 과정에서, $y = f(u)$, $u = g(x)$가 미분 가능할 때 합성함수 $y = f(g(x))$도 미분가능하고 이 합성함수 y를 x에 관하여 미분할 때 다음과 같이 연산함을 학습하였다.

$$\frac{dy}{dx} = \frac{dy}{du} \cdot \frac{du}{dx},\quad y' = f'(g(x))g'(x)$$

예를 들어 함수 $y=(3x^2+2x+1)^3$을 미분할 때, $u=3x^2+2x+1$로 두면 $y=u^3$이므로 $y=(3x^2+2x+1)^3$은 $y=u^3$, $u=3x^2+2x+1$의 합성함수를 미분하는 것이어서, y를 u에 관하여 미분하고 u를 x에 관하여 미분하여 각각의 결과를 곱하여 다음과 같이 최종 미분의 결과를 얻었다.

$$\frac{dy}{dx}=3(3x^2+2x+1)(6x+2)=6(x+1)(3x^2+2x+1)$$

변수가 x, y, z인 삼변함수에 대해서도 다음과 같이 합성함수를 생각할 수 있다.

$$w=f(x(u,v),\ y(u,v),\ z(u,v)) \tag{6-24}$$

여기서 u, v는 **독립변수**(independent variable), w는 **종속변수**(dependent variable), x, y, z는 **중간변수**(intermediate variable)이다. w를 u, v에 관하여 편미분하면 다음과 같은 관계식을 얻을 수 있으며 이것을 **연쇄법칙**(chain rule)이라 한다.

$$\frac{\partial w}{\partial u}=\frac{\partial w}{\partial x}\frac{\partial x}{\partial u}+\frac{\partial w}{\partial y}\frac{\partial y}{\partial u}+\frac{\partial w}{\partial z}\frac{\partial z}{\partial u} \tag{6-25}$$

$$\frac{\partial w}{\partial v}=\frac{\partial w}{\partial x}\frac{\partial x}{\partial v}+\frac{\partial w}{\partial y}\frac{\partial y}{\partial v}+\frac{\partial w}{\partial z}\frac{\partial z}{\partial v} \tag{6-26}$$

위에서 독립변수가 u, v 두 가지인 경우의 연쇄법칙을 설명하였다. 독립변수를 t 한 가지라고 하면 변수가 x, y, z인 삼변함수는

$$w=f(x(t),\ y(t),\ z(t))$$

$$w = f(x,\ y,\ z),\ x = x(t),\ y = y(t),\ z = z(t) \tag{6-27}$$

이고, w를 t에 관하여 미분하면 다음과 같이 된다.

$$\frac{dw}{dt} = \frac{\partial w}{\partial x}\frac{dx}{dt} + \frac{\partial w}{\partial y}\frac{dy}{dt} + \frac{\partial w}{\partial z}\frac{dz}{dt} \tag{6-28}$$

w가 독립변수 x와 y에 관한 이변함수인 경우에는

$$w = f(x(t),\ y(t)),\ \text{또는}\ w = f(x,\ y),\ x = x(t),\ y = y(t)$$

이고, w를 t에 관하여 미분하면 다음과 같이 된다.

$$\frac{dw}{dt} = \frac{\partial w}{\partial x}\frac{dx}{dt} + \frac{\partial w}{\partial y}\frac{dy}{dt} \tag{6-29}$$

변수가 x 하나인 일변함수의 경우가 고등학교 과정에서 학습한 것으로써

$$w = f(x(t)),\quad \text{또는}\quad w = f(x),\ x = x(t)$$

이다. w를 t에 관하여 미분하면 다음과 같이 된다.

$$\frac{dw}{dt} = \frac{dw}{dx}\frac{dx}{dt} \tag{6-30}$$

예제

w가 r, θ에 관한 이변함수 $w=x^2-y^2$, $x=rcos\theta$, $y=rsin\theta$일 때 r과 θ에 관한 미분을 구하시오.

풀이 $w=f(x(r,\theta))$이면

$$\frac{dw}{dr}=\frac{\partial w}{\partial x}\frac{dx}{dr}+\frac{\partial w}{\partial y}\frac{dy}{dr}=2xcos\theta-2ysin\theta=2r\cos 2\theta$$

$$\frac{dw}{d\theta}=\frac{\partial w}{\partial x}\frac{dx}{d\theta}+\frac{\partial w}{\partial y}\frac{dy}{d\theta}=2x(-rsin\theta)+(-2y)rcos\theta=-2r^2\sin 2\theta$$

6.1.4 방향도함수(directional derivative)

어떤 함수 $f(x)$의 **도함수**는 $f(x)$를 미분하여 얻는 함수 $f'(x)$를 말한다. $f(x)$는 다음과 같이 정의되며, 도함수 $f'(x)$은 x에서 접선의 기울기가 됨은 우리가 이미 알고 있을 것이다.

$$f'(x)=\lim_{\Delta x\to 0}\frac{\Delta y}{\Delta x}=\lim_{\Delta x\to 0}\frac{f(x+\Delta x)-f(x)}{\Delta x} \tag{6-31}$$

여기서의 $f(x)$나 $f'(x)$는 변수가 하나인 일변함수이므로 방향을 별도로 고려할 필요가 없으나 삼변함수 $f(x,\ y,\ z)$처럼 다변수함수의 경우에는 특정한 방향으로의 도함수인 **방향도함수**를 생각하여야 한다. **방향도함수**란 함수 $f(x,\ y,\ z)$가 한 점 $(x_0,\ y_0,\ z_0)$에서 특정방향으로 변화하는 비율, 변화율이다. 앞에서 스칼라 함수 f에 대한 경도는 다음과 같이 정의되었다.

$$grad f(x,y,z)=\nabla f(x,y,z)=\frac{\partial f}{\partial x}\vec{i}+\frac{\partial f}{\partial y}\vec{j}+\frac{\partial f}{\partial z}\vec{k} \tag{6-32}$$

여기서 단위벡터 $\vec{i}$ 방향으로의 성분은 x에 관한 f의 편미분이고, 이것은 x방향으로 f의 변화율이 된다. 일반적으로 ∇f는 벡터함수이므로 ∇f의 성분은 그 방향으로의 f의 변화율이다. 예를 들어 이변함수로 주어지는 스칼라 장 $f(x,\ y)$가 $f(x,\ y)=3x+3$ 이라고 하면 이 함수의 경도 $grad f$는

$$grad f=\nabla f=\frac{\partial}{\partial x}(3x+3)\vec{i}+\frac{\partial}{\partial y}(3x+3)\vec{j}=3\vec{i}$$

이다. 따라서 f의 경도는 y방향으로의 성분이 0이고 x방향으로의 성분은 3이 되므로 x방향으로의 변화율은 3이다.

3차원 공간상에 직선 L이 있고 L 상의 두 점 P와 Q를 생각한다. P에서 Q를 향하는 단위벡터를 $\vec{b}$라 하고 P에서 Q까지의 길이가 s이면 점 Q는 점 P로부터 $s\vec{b}$만큼 떨어져 있는 점이다.

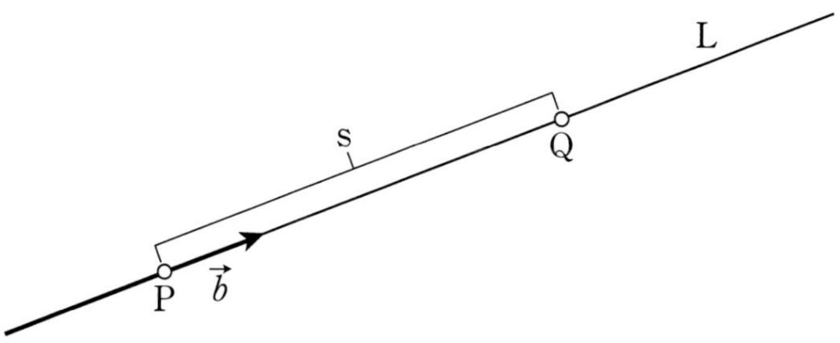

그림 6.3

점 P에서 함수 $f(x(s),\ y(s),\ z(s))$의 $\vec{b}$방향으로의 방향도함수 $D_{\vec{b}}f$는 다음과 같이 정의된다.

$$D_{\vec{b}}f=\frac{df}{ds}=\lim_{s\to 0}\frac{f(Q)-f(p)}{s} \qquad (6\text{-}33)$$

$D_{\vec{b}}f$는 연쇄법칙에 의하여 다음과 같이 된다.

$$\begin{aligned} D_{\vec{b}}f = \frac{df}{ds} &= \frac{\partial f}{\partial x}\frac{dx}{ds} + \frac{\partial f}{\partial y}\frac{dy}{ds} + \frac{\partial f}{\partial z}\frac{dz}{zs} \\ &= \frac{\partial f}{\partial x}x' + \frac{\partial f}{\partial y}y' + \frac{\partial f}{\partial z}z' \end{aligned} \tag{6-34}$$

점 P의 위치벡터를 $\overrightarrow{P}_0$, 점 Q의 위치벡터를 $\vec{r}(s)$라 하면

$$\vec{r}(s) = \overrightarrow{P}_0 + S\vec{b} = x(s)\vec{i} + y(s)\vec{j} + z(s)\vec{k} \tag{6-35}$$

이고, $\vec{r}(s)$를 미분하면

$$\frac{d\vec{r}}{ds} = \vec{r}'(s) = x'(s)\vec{i} + y'(s)\vec{j} + z'(s)\vec{k} = \vec{b} \tag{6-36}$$

이다. $D_{\vec{b}}f$는 $\vec{r}(s)$를 미분하여 얻은 단위벡터 $\vec{b}$를 나타낸 위의 식을 이용하여 다음과 같이 다시 쓸 수 있다.

$$\begin{aligned} D_{\vec{b}}f = \frac{df}{ds} &= \frac{\partial f}{\partial x}x' + \frac{\partial f}{\partial y}y' + \frac{\partial f}{\partial z}z' \\ &= \frac{\partial f}{\partial x}\frac{dx}{ds} + \frac{\partial f}{\partial y}\frac{dy}{ds} + \frac{\partial f}{\partial z}\frac{dz}{zs} \\ &= \left(\frac{\partial f}{\partial x}\vec{i} + \frac{\partial f}{\partial y}\vec{j} + \frac{\partial f}{\partial z}\vec{k}\right) \cdot \left(\frac{dx}{ds}\vec{i} + \frac{dy}{ds}\vec{j} + \frac{dz}{ds}\vec{k}\right) \\ &= grad f \cdot \vec{b} = \vec{b} \cdot grad f \end{aligned} \tag{6-37}$$

제1장
제2장
제3장
제4장
제5장
제6장
제7장

따라서 벡터 $\vec{a}$의 단위벡터를 $\vec{b}$라 할 때 함수 $f(x,y,z)$의 $\vec{b}$ 방향으로의 방향도함수 $D_{\vec{a}}f$는 다음과 같이 정의된다.

$$D_{\vec{a}}f = \frac{df}{ds} = \frac{\vec{a}}{|\vec{a}|} \cdot grad f = \vec{b} \cdot grad f = \vec{b} \cdot \nabla f \qquad (6\text{-}38)$$

예제

공간상의 한 점 $P:(1,\ -1,1)$에서 벡터 $\vec{a}=4\vec{i}-3\vec{k}$ 방향으로의 $f(x,\ y,\ z)=x^2yz$의 방향도함수를 구하시오.

풀이 $\vec{a}=4\vec{i}-3\vec{k}$의 단위벡터는 $\vec{b}=\frac{1}{5}(4\vec{i}-3\vec{k})$이고 f의 경도 $grad f$는

$$grad f = \nabla f = \left(\frac{\partial}{\partial x}\vec{i} + \frac{\partial}{\partial y}\vec{j} + \frac{\partial}{\partial z}\vec{k}\right)f = 2xyz\,\vec{i} + x^2z\,\vec{j} + x^2y\,\vec{k}$$

이다.

따라서 방향도함수 $D_{\vec{a}}f$는

$$D_{\vec{a}}f = \vec{b} \cdot grad f = \frac{1}{5}(4\vec{i}-3\vec{k}) \cdot (2xyz\,\vec{i} + x^2z\,\vec{j} + x^2y\,\vec{k})$$

$$= \frac{1}{5}(4\times 2xyz + (-3)\times x^2y)$$

점 $\mathrm{P}:(1,-1,1)$에서의 방향도함수는

$$D_{\vec{a}}f = \vec{b} \cdot grad f = \frac{1}{5}(8\times(-1)-3\times(-1)) = -1$$

■ 가장 급격한 기울기가 발생하는 방향은 어느 방향인가?

가장 급격한 기울기가 발생하는 방향이 어떤 방향인지는 공학에서 매우 중요하다. 결론적으로, **스칼라 함수 f는 기울기 방향, 즉 경도 ∇f 방향에서 가장 급격하게 증가하고, 기울기의 반대방향, 즉 $-\nabla f$ 방향에서 가장 급격하게 감**

소한다. 또한 f는 기울기, ∇f와 직교하는 방향에서 변화가 없다고 할 수 있다. 이 사항을 다음과 같이 살펴본다.

방향도함수는 결국 단위벡터 $\vec{b}$와 경도 ∇f의 내적

$$D_{\vec{a}} f = \frac{df}{ds} = \vec{b} \cdot grad f = \vec{b} \cdot \nabla f$$

이 되므로 두 벡터 간의 사잇각(θ)에 따라 그 크기가 달라진다.

1) $\theta = 0°$, 경도 ∇f의 방향≡단위벡터 $\vec{b}$의 방향일 때

스칼라 함수 f의 변화율($\equiv \frac{df}{ds}$, 방향도함수)은 양의 최댓값을 갖는다. 따라서 단위벡터 $\vec{b}$의 방향, 결국 $grad f(\nabla f)$의 방향에서 f의 변화율이 가장 크게 되고 $grad f(\nabla f)$의 방향이 f의 **가장 가파른 오르막 방향**(the direction of steepest ascent of f)이다.

2) $\theta = \pm \frac{\pi}{2}$, 경도 ∇f의 방향 ⊥ 단위벡터 $\vec{b}$의 방향일 때

스칼라 함수 f의 변화율($\equiv \frac{df}{ds}$, 방향도함수)은 0이다.

3) $\theta = \pi$, 경도 ∇f의 방향≡−단위벡터 $\vec{b}$의 방향일 때

스칼라 함수 f의 변화율($\equiv \frac{df}{ds}$, 방향도함수)은 음의 최댓값을 갖는다. 따라서 단위벡터 -$\vec{b}$의 방향, 결국 $-grad f(-\nabla f)$의 방향에서 f의 변화

율(the rate of change of f)은 음의 최댓값이 되고 $grad f(\nabla f)$의 방향이 f의 **가장 가파른 내리막 방향**(the direction of steepest descent of f)이다.

예제

곡면 $\phi(x,\ y,\ z)=x^2yz^2$ 상의 점 $P:(1,1,-1)$에서 변화율이 최대가 되는 방향과 그 값을 구하시오.

풀이 스칼라함수의 변화율은 경도의 방향에서 최대가 되므로 점 $P:(1,1,-2)$에서 경도 방향인 $grad\,\phi_{(1,1,-2)}$ 방향에서 변화율이 최대가 된다.

$$grad\,\phi = \nabla\phi = \left(\frac{\partial}{\partial x}\vec{i} + \frac{\partial}{\partial y}\vec{j} + \frac{\partial}{\partial z}\vec{k}\right)x^2yz^2$$

$$= 2xyz^2\,\vec{i} + x^2z^2\,\vec{j} + x^2y2z\,\vec{k}$$

$grad\,\phi_{(1,1,-2)} = 8\,\vec{i} + 4\,\vec{j} - 4\,\vec{k}$ 방향에서 최대가 된다.

$grad\,\phi_{(1,1,-2)}$ 방향에서 변화율의 최댓값 :

$$|grad\,\phi| = \sqrt{8^2 + 4^2 + (-4)^2} = \sqrt{96}$$

6.2 벡터장의 발산(divergence)

6.2.1 발산의 정의와 개괄

벡터장(vector field) $\vec{F}$는 다음의 미분가능한 벡터함수

$$\vec{F}(x,\ y,\ z) = F_1(x,\ y,\ z)\vec{i} + F_2(x,\ y,\ z)\vec{j} + F_3(x,\ y,\ z)\vec{k} \tag{6-39}$$

라 하면, **벡터장** $\vec{F}$**의 발산**(divergence)은 $\mathrm{div}\vec{F}$로 표기하며 다음과 같이 정의된다.

$$div\vec{F} = \frac{\partial F_1}{\partial x} + \frac{\partial F_2}{\partial y} + \frac{\partial F_3}{\partial z} \tag{6-40}$$

다음과 같이 벡터미분연산자 ∇와 $\vec{F}$를 내적하면 위에서 벡터의 발산을 정의한 것과 동일한 결과를 얻을 수 있다.

$$\begin{aligned} div\,\vec{F} = \nabla \cdot \vec{F} &= \left(\frac{\partial}{\partial x}\vec{i} + \frac{\partial}{\partial y}\vec{j} + \frac{\partial}{\partial z}\vec{k}\right) \cdot (F_1\vec{i} + F_2\vec{j} + F_3\vec{k}) \\ &= \frac{\partial F_1}{\partial x} + \frac{\partial F_2}{\partial y} + \frac{\partial F_3}{\partial z} \end{aligned} \tag{6-41}$$

따라서 **벡터장(벡터함수)** $\vec{F}$**에 대한 발산의 결과는 스칼라장(스칼라함수)**이 됨을 알 수 있다. 이 전의 내용에서 스칼라 함수에 대한 경도는 벡터 함수가 됨을 알았다. 경도와 발산 두 가지 벡터 연산에 대하여 기억할 점은, **스칼라 함수** f**에 대한 경도** (gradient)**는 벡터 또는 벡터함수가 되고, 벡터함수** $\vec{F}$**에 대한 발산**(divergence)은

스칼라 또는 스칼라함수가 된다는 점이다.

$$div\vec{F} = \nabla \cdot \vec{F} \rightarrow \text{스칼라, 스칼라함수}$$

$$grad\, f = \nabla f \rightarrow \text{벡터, 벡터함수}$$

예제

벡터함수 $\vec{F}(x,\ y,\ z) = x^2 z\,\vec{i} - 2y^3 z^2\,\vec{j} + xy^2 z\,\vec{k}$ 에 대한 발산과, 스칼라함수 $f = 4xz^3 - 3x^2y^2z$ 에 대한 경도를 각각 구하시오.

풀이 벡터미분연산자 ∇를 사용하여 $\vec{F}$의 발산($div\vec{F}$)와 f의 경도 ($grad\, f$)를 구하면 다음과 같다.

$$\begin{aligned} div\vec{F} &= \nabla \cdot \vec{F} \\ &= \left(\frac{\partial}{\partial x}\vec{i} + \frac{\partial}{\partial y}\vec{j} + \frac{\partial}{\partial z}\vec{k}\right) \cdot \left(x^2 z\,\vec{i} - 2y^3 z^2\,\vec{j} + xy^2 z\,\vec{k}\right) \\ &= 2xz - 6y^2z^2 + xy^2 \end{aligned}$$

$$\begin{aligned} grad\, f = \nabla f &= \left(\frac{\partial}{\partial x}\vec{i} + \frac{\partial}{\partial y}\vec{j} + \frac{\partial}{\partial z}\vec{k}\right)\left(4xz^3 - 3x^2y^2z\right) \\ &= \left(4z^3 - 6xy^2z\right)\vec{i} - \left(6x^2yz\right)\vec{j} + \left(12xz^2 - 3x^2y^2\right)\vec{k} \end{aligned}$$

6.2.2 경도에 대한 발산

앞에서 스칼라 함수 f에 대한 경도는

$$grad f(x, y, z) = \nabla f(x, y, z) = \frac{\partial f}{\partial x}\vec{i} + \frac{\partial f}{\partial y}\vec{j} + \frac{\partial f}{\partial z}\vec{k} = \left[\frac{\partial f}{\partial x}, \frac{\partial f}{\partial y}, \frac{\partial f}{\partial z}\right]$$

와 같이 정의되었다. 이제 **경도에 대한 발산**을 구해본다.

스칼라 함수 f에 대한 경도는 벡터 함수이므로 이 벡터 함수에 대한 발산을 구하려는 것이다. 따라서 스칼라 함수 f가 이계 편도함수를 가질 때 f의 경도 ∇f에 대한 발산은

$$div(\nabla f) = \nabla \cdot \nabla f = \left(\frac{\partial}{\partial x}\vec{i} + \frac{\partial}{\partial y}\vec{j} + \frac{\partial}{\partial z}\vec{k}\right) \cdot \left(\frac{\partial f}{\partial x}\vec{i} + \frac{\partial f}{\partial y}\vec{j} + \frac{\partial f}{\partial z}\vec{k}\right)$$

$$= \frac{\partial^2 f}{\partial x^2} + \frac{\partial^2 f}{\partial y^2} + \frac{\partial^2 f}{\partial z^2} = \left(\frac{\partial^2}{\partial x^2} + \frac{\partial^2}{\partial y^2} + \frac{\partial^2}{\partial z^2}\right) f \qquad (6\text{-}42)$$

와 같이 된다. 여기서 어떤 스칼라함수 f를 두 번 미분하는 연산자를 **라플라스 연산자**(Laplace operator)라 하며, ∇^2로 표기하고 "Del Squard" 또는 "Laplacian"이라고 부른다. 이것은 직교좌표계에서 2차 편미분의 합이며, 스칼라함수 f를 두 번 편미분하는 미분연산자이다. 즉, 이 연산은 스칼라함수 f에 대한 경도(gradient)를 취한 후 이어서 발산(divergence)을 취하는 연산이다. "Laplace operator"라는 명칭은 프랑스의 수학자 Pierre-Simon de Laplace(1749－1827)의 이름에서 유래하였다.

Laplacian ∇^2는

$$\nabla^2 = \frac{\partial^2}{\partial x^2} + \frac{\partial^2}{\partial y^2} + \frac{\partial^2}{\partial z^2} \tag{6-43}$$

이고, **벡터미분연산자**(nabla) ∇와 **라플라스연산자**(Laplacian) ∇^2를 사용하여 스칼라함수 f에 대한 경도의 발산을 나타내면 다음과 같다.

$$div(\nabla f) = \nabla \cdot \nabla f = \nabla^2 f = \left(\frac{\partial^2}{\partial x^2} + \frac{\partial^2}{\partial y^2} + \frac{\partial^2}{\partial z^2}\right) f \tag{6-44}$$

6.2.3 라플라스(Laplace) 방정식과 푸아송(Poisson) 방정식

벡터해석을 전자기학에 응용하는 한 예로써 라플라스 방정식과 푸아송 방정식에 대하여 알아본다. 전하밀도 $\rho[\mathrm{c/m^3}]$가 공간적으로 분포할 때 전하밀도 $\rho[\mathrm{c/m^3}]$의 원천에서 발생하는 전계 $\vec{E}[\mathrm{V/m}]$에 대한 발산은

$$div\vec{E} = \nabla \cdot \vec{E} = \frac{\rho}{\epsilon_0}[\mathrm{lines/m^3}] \tag{6-45}$$

이고, 전위 V의 경도 $grad\,V$와 전계 $\vec{E}$의 관계는

$$\vec{E} = -\,grad\,V = -\nabla V \tag{6-46}$$

이다. 공간전하 분포에 의한 전하밀도 ρ와 전위 V의 관계는

$$\rho = \epsilon_0 div \overrightarrow{E} = \epsilon_0 div(-grad\ V)$$
$$= \epsilon_0 \nabla \cdot (-\nabla V) = -\epsilon_0 \nabla^2 V \qquad (6\text{-}47)$$

이다. 따라서 다음과 같은 식이 성립하며 이것을 **푸아송 방정식**이라 한다.

$$\nabla^2 V = -\frac{\rho}{\epsilon_0} \qquad (6\text{-}48)$$

$$\nabla^2 V = \left(\frac{\partial^2}{\partial x^2} + \frac{\partial^2}{\partial y^2} + \frac{\partial^2}{\partial z^2}\right) V = \frac{\partial^2 V}{\partial x^2} + \frac{\partial^2 V}{\partial y^2} + \frac{\partial^2 V}{\partial z^2} = -\frac{\rho}{\epsilon_0}$$

또한 전하분포 영역 밖에 있는 점의 전위는, 그 고찰 점에는 전하 ρ가 없으므로 푸아송 방정식의 우변은 $\rho = 0$이다. 따라서

$$\nabla^2 V = 0 \qquad (6\text{-}49)$$

이고, 이것은 **라플라스 방정식**이라 한다.

$\nabla^2 V = -\frac{\rho}{\epsilon_0}$: **푸아송 방정식**(Poisson's equation)

$\nabla^2 V = 0$: **라플라스 방정식**(Laplace's equation)

예제

전위 V가 $V(x,y,z)=x^2yz$ [V] 일 때 전하밀도 ρ를 구하시오.

풀이 푸아송 방정식 $\nabla^2 V=-\dfrac{\rho}{\epsilon_0}$ 로부터

$$\nabla^2 V=\frac{\partial^2 V}{\partial x^2}+\frac{\partial^2 V}{\partial y^2}+\frac{\partial^2 V}{\partial z^2}$$

$$=\frac{\partial}{\partial x}\left\{\frac{\partial}{\partial x}(x^2yz)\right\}+\frac{\partial}{\partial y}\left\{\frac{\partial}{\partial y}(x^2yz)\right\}+\frac{\partial}{\partial z}\left\{\frac{\partial}{\partial z}(x^2yz)\right\}$$

$$=2yz$$

$$\therefore \rho=-\epsilon_0(2yz)$$

예제

전위 V가 x만의 함수 $V(x)$이고, $x=0$에서 $V=0$, $x=d$에서 $V=V_0$일 때 라플라스 방정식의 해를 구하고, 이로부터 전계의 세기 $\vec{E}$를 구하시오.

풀이 라플라스 방정식은

$$\frac{\partial^2 V}{\partial x^2}+\frac{\partial^2 V}{\partial y^2}+\frac{\partial^2 V}{\partial z^2}=0$$

이고, 주어진 조건에서 전위 V가 x만의 함수 $V(x)$이므로

$$\frac{\partial^2 V}{\partial x^2}=0,\ \frac{d^2 V}{dx^2}=0$$

이다. 이 미분방정식을 두 번 적분하여 해를 구하면

$$V=Ax+B$$

이고

여기서 적분상수 A, B를 구하기 위하여 $x=0$에서 $V=0$, $x=d$에서 $V=V_0$가 되는 평행판 전극이 있다고 생각한다. 그러면 $B=0$이고, $A=V_0/d$ 이다. 그러면 전극 사이의 점 P의 전위 V_p가 라플라스 방정식의 해이다.

$$V_p = \frac{V_0}{d}x\,[V]$$

따라서 전계의 세기 $\vec{E}$는 경도의 정의로부터 다음과 같이 구해진다.

$$\vec{E} = -\nabla V = -\frac{\partial V}{\partial x}\vec{i} = -\frac{V_0}{d}\vec{i}\,[\mathrm{V/m}]$$

6.3 벡터장의 회전(curl, rotation)

6.3.1 회전의 정의와 개괄

벡터 장 $\vec{F}(x,y,z)=F_1(x,y,z)\vec{i}+F_2(x,y,z)\vec{j}+F_3(x,y,z)\vec{k}$가 미분가능할 때 $\vec{F}$의 회전은 $curl\,\vec{F}$, $rot\,\vec{F}$, $\nabla\times\vec{F}$로 표기하고 다음과 같이 정의한다.

$$curl\,\vec{F}=\nabla\times\vec{F}=\left(\frac{\partial}{\partial x}\vec{i}+\frac{\partial}{\partial y}\vec{j}+\frac{\partial}{\partial z}\vec{k}\right)\times(F_1\vec{i}+F_2\vec{j}+F_3\vec{k})$$

$$=\left(\frac{\partial F_3}{\partial y}-\frac{\partial F_2}{\partial z}\right)\vec{i}+\left(\frac{\partial F_1}{\partial z}-\frac{\partial F_3}{\partial x}\right)\vec{j}+\left(\frac{\partial F_2}{\partial x}-\frac{\partial F_1}{\partial y}\right)\vec{k}$$

$$=\begin{vmatrix}\vec{i}&\vec{j}&\vec{k}\\ \frac{\partial}{\partial x}&\frac{\partial}{\partial y}&\frac{\partial}{\partial z}\\ F_1&F_2&F_3\end{vmatrix} \tag{6-50}$$

따라서 벡터장 $\vec{F}$에 대한 회전은 벡터장이 됨을 알 수 있다.

예제

$\vec{F}=(xyz)\vec{i}+(x^2y^2z)\vec{j}+(yz^3)\vec{k}$ 로 주어지는 벡터함수에 대한 회전을 구하시오.

풀이 $curl\,\vec{F}=\nabla\times\vec{F}$

$$=\left(\frac{\partial}{\partial x}\vec{i}+\frac{\partial}{\partial y}\vec{j}+\frac{\partial}{\partial z}\vec{k}\right)\times((xyz)\vec{i}+(x^2y^2z)\vec{j}+(yz^3)\vec{k})$$

$$=\begin{vmatrix}\vec{i}&\vec{j}&\vec{k}\\ \frac{\partial}{\partial x}&\frac{\partial}{\partial y}&\frac{\partial}{\partial z}\\ xyz&x^2y^2&yz^3\end{vmatrix}=(z^3-x^2y^2)\vec{i}+(xy)\vec{j}+(2xy^2z-xz)\vec{k}$$

6.3.2 경도의 회전과 회전의 발산

1) 스칼라 함수 f의 경도에 대한 회전은 영벡터가 된다.

$$
\begin{aligned}
curl(grad\, f) &= \nabla \times (\nabla f) \\
&= \left(\frac{\partial}{\partial x}\vec{i} + \frac{\partial}{\partial y}\vec{j} + \frac{\partial}{\partial z}\vec{k}\right) \times \left(\frac{\partial f}{\partial x}\vec{i} + \frac{\partial f}{\partial y}\vec{j} + \frac{\partial f}{\partial z}\vec{k}\right) \\
&= \begin{vmatrix} \vec{i} & \vec{j} & \vec{k} \\ \frac{\partial}{\partial x} & \frac{\partial}{\partial y} & \frac{\partial}{\partial z} \\ \frac{\partial f}{\partial x} & \frac{\partial f}{\partial y} & \frac{\partial f}{\partial z} \end{vmatrix} \\
&= \left(\frac{\partial^2 f}{\partial y \partial z} - \frac{\partial^2 f}{\partial z\, \partial y}\right)\vec{i} + \left(\frac{\partial^2 f}{\partial z \partial x} - \frac{\partial^2 f}{\partial x \partial z}\right)\vec{j} + \left(\frac{\partial^2 f}{\partial x \partial y} - \frac{\partial^2 f}{\partial y \partial x}\right)\vec{k} \\
&= \vec{0}
\end{aligned} \qquad (6\text{-}51)
$$

2) 벡터함수 $\vec{F}$의 회전에 대한 발산은 영이 된다.

성분함수 F_1, F_2, F_3가 연속이며 2차 편도함수를 갖는 벡터함수 $\vec{F} = (F_1\vec{i} + F_2\vec{j} + F_3\vec{k})$에 대하여 회전을 취한 후 다시 발산을 취하는 연산은

$$
div(curl\,\vec{F}) = \nabla \cdot (\nabla \times \vec{F}) \qquad (6\text{-}52)
$$

이다. 우선 우변의 $curl\ \vec{F}$는

$$curl\ \vec{F} = \nabla \times \vec{F} = \begin{vmatrix} \vec{i} & \vec{j} & \vec{k} \\ \dfrac{\partial}{\partial x} & \dfrac{\partial}{\partial y} & \dfrac{\partial}{\partial z} \\ F_1 & F_2 & F_3 \end{vmatrix}$$

$$= \left(\frac{\partial F_3}{\partial y} - \frac{\partial F_2}{\partial z}\right)\vec{i} + \left(\frac{\partial F_1}{\partial z} - \frac{\partial F_3}{\partial x}\right)\vec{j} + \left(\frac{\partial F_2}{\partial x} - \frac{\partial F_1}{\partial y}\right)\vec{k} \tag{6-53}$$

이다. $curl\ \vec{F}$의 결과에 대하여 발산을 취하면,

$$div(curl\ \vec{F}) = \nabla \cdot (\nabla \times \vec{F})$$

$$= \left(\frac{\partial}{\partial x}\vec{i} + \frac{\partial}{\partial y}\vec{j} + \frac{\partial}{\partial z}\vec{k}\right) \cdot \left(\left(\frac{\partial F_3}{\partial y} - \frac{\partial F_2}{\partial z}\right)\vec{i}\right.$$

$$\left. + \left(\frac{\partial F_1}{\partial z} - \frac{\partial F_3}{\partial x}\right)\vec{j} + \left(\frac{\partial F_2}{\partial x} - \frac{\partial F_1}{\partial y}\right)\vec{k}\right) \tag{6-54}$$

이다. 결국 위의 식은 두 벡터에 대한 내적이므로, 우변을 다시 쓰고 내적을 하면

$$\left(\frac{\partial}{\partial x}\vec{i} + \frac{\partial}{\partial y}\vec{j} + \frac{\partial}{\partial z}\vec{k}\right) \cdot \left(\frac{\partial F_3}{\partial y} - \frac{\partial F_2}{\partial z}\right)\vec{i}$$

$$+ \left(\frac{\partial F_1}{\partial z} - \frac{\partial F_3}{\partial x}\right)\vec{j} + \left(\frac{\partial F_2}{\partial x} - \frac{\partial F_1}{\partial y}\right)\vec{k}$$

$$= \frac{\partial}{\partial x}\left(\frac{\partial F_3}{\partial y} - \frac{\partial F_2}{\partial z}\right) + \frac{\partial}{\partial y}\left(\frac{\partial F_1}{\partial z} - \frac{\partial F_3}{\partial x}\right) + \frac{\partial}{\partial z}\left(\frac{\partial F_2}{\partial x} - \frac{\partial F_1}{\partial y}\right) = 0 \tag{6-55}$$

이다. 따라서 다음과 같이 벡터함수 $\vec{F}$의 회전에 대한 발산은 영이 된다.

$$div(curl\ \vec{F}) = \nabla \cdot (\nabla \times \vec{F}) = 0 \tag{6-56}$$

6.4 발산, 회전과 관련된 몇 가지 정리

6.4.1 벡터장의 발산과 발산정리

공간상의 미소체적의 표면적을 통해 유출하는 유체의 양을 측정하면 미소체적 내의 원천의 크기를 계산할 수 있다. 물리적으로 선속밀도(flux density)는 단위시간 동안 단위면적을 통과하는 어떤 물리량의 흐름의 비율이며 그 차원은 〔quanty〕$^{-1}$ · 〔time〕$^{-1}$ · 〔area〕$^{-1}$이다. 선속(flux)는 어떤 벡터량(선속밀도)의 면적 적분이다. Flux는 라틴어 fluxus에서 나온 단어이며 이는 흐름(flow)를 뜻한다.

그림과 같은 미소체적 내의 중심점 P에서의 어떤 선속밀도(line density) $\overrightarrow{D}$를

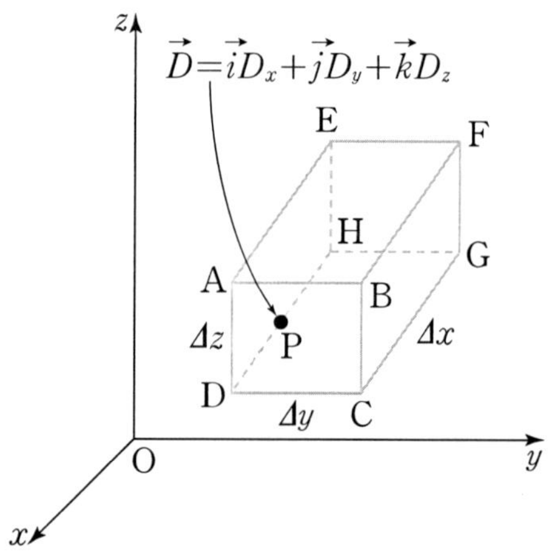

그림 6.4

$$\overrightarrow{D}=\vec{i}D_x+\vec{j}D_y+\vec{k}D_z \tag{6-57}$$

라 할 때 각 변의 길이가 Δx, Δy, Δz인 직육면체의 전체적을 통과하는 선속은

$$\int \overrightarrow{D} \cdot d\vec{s} = \int_{ABCD} + \int_{EFGH} + \int_{EFBA} + \int_{HGCD} + \int_{BFGC} + \int_{AEHD} \tag{6-58}$$

가 되며, 한 면(ABCD)를 통하는 선속은 Δy, Δz가 미소하므로

$$\int_{ABCD} = \overrightarrow{D}_{ABCD} \cdot \Delta \vec{S}_{ABCD} = \overrightarrow{D}_{ABCD} \cdot \Delta y \cdot \Delta z \vec{i} = D_{x,ABCD} \Delta y \Delta z \tag{6-59}$$

이며, 선속밀도의 x방향 성분에 앞면의 면적을 곱하여 얻을 수 있다. 앞면은 중심 점 P에서 $\frac{\Delta x}{2}$만큼 떨어져 있으므로

$$\begin{aligned} D_{x,ABCD} &= D_{x0} + \frac{\Delta x}{2} \times (D_x\text{의 } x\text{에 대한 변화율}) \\ &= D_{x0} + \frac{\Delta x}{2} \frac{\partial D_x}{\partial x} \end{aligned} \tag{6-60}$$

이다. 여기서 D_{x0}는 점 P에서 D_x의 값이다.

따라서 앞면을 통하여 유출하는 양은

$$\int_{ABCD} = \left(D_{x0} + \frac{\Delta x}{2} \frac{\partial D_x}{\partial x} \right) \Delta y \Delta z \tag{6-61}$$

그리고 뒷 면($EFGH$)을 통하여 유출되는 양은 앞면의 면적과 선분의 방향만 바꾸면

$$\int_{EFGH} = \left(-D_{x0} + \frac{\Delta x}{2}\frac{\partial D_x}{\partial x}\right)\Delta y \Delta z \tag{6-62}$$

이다. 앞면과 뒷면으로 통하여 유출되는 선속은

$$\int_{ABCD} + \int_{EFGH} = \frac{\partial D_x}{\partial x}\Delta x \Delta y \Delta z \tag{6-63}$$

가 된다. 같은 방법으로, 다른면을 통과하는 선속은

$$\int_{AEHD} + \int_{BFGC} = \frac{\partial D_y}{\partial y}\Delta x \Delta y \Delta z \tag{6-64}$$

$$\int_{EFBA} + \int_{HGCD} = \frac{\partial D_z}{\partial z}\Delta x \Delta y \Delta z \tag{6-65}$$

이므로, 전표면에서 유출되는 선속은

$$\begin{aligned}\oint \vec{D} \cdot \vec{ds} &= \left(\frac{\partial D_x}{\partial x} + \frac{\partial D_y}{\partial y} + \frac{\partial D_z}{\partial z}\right) \cdot \Delta x \Delta y \Delta z \\ &= \left(\frac{\partial D_x}{\partial x} + \frac{\partial D_y}{\partial y} + \frac{\partial D_z}{\partial z}\right) \cdot \Delta v \end{aligned} \tag{6-66}$$

이고, 단위체적 당 선속의 수는

$$\frac{\oint \vec{D} \cdot \vec{ds}}{\Delta v} = \left(\frac{\partial D_x}{\partial x} + \frac{\partial D_y}{\partial y} + \frac{\partial D_z}{\partial z}\right) \tag{6-67}$$

이고, 미소부피 Δv의 극한치를 취한 것을 $\overrightarrow{D}$의 발산(divergence)라고 한다. 기호로 표시하면

$$div\overrightarrow{D} = \lim_{\Delta v \to 0} \frac{\oint \overrightarrow{D} \cdot \overrightarrow{ds}}{\Delta v} = \frac{\partial D_x}{\partial x} + \frac{\partial D_y}{\partial y} + \frac{\partial D_z}{\partial z} \tag{6-68}$$

이다. 따라서 $div\overrightarrow{D}$는 각 점에 대한 벡터 $\overrightarrow{D}$의 원천(source)의 세기의 척도가 되는 스칼라장(scalar field)이다. 위의 식의 우변은 벡터미분연산자 ∇와 선속밀도 $\overrightarrow{D}$의 내적으로 얻어진다. 즉,

$$\begin{aligned} \nabla \cdot \overrightarrow{D} &= \left(\frac{\partial}{\partial x}\overrightarrow{i} + \frac{\partial}{\partial y}\overrightarrow{j} + \frac{\partial}{\partial z}\overrightarrow{k} \right) \cdot (\overrightarrow{i}D_x + \overrightarrow{j}D_y + \overrightarrow{k}D_z) \\ &= \left(\frac{\partial D_x}{\partial x} + \frac{\partial D_y}{\partial y} + \frac{\partial D_z}{\partial z} \right) \\ &= \left(\frac{\partial D_x}{\partial x} + \frac{\partial D_y}{\partial y} + \frac{\partial D_z}{\partial z} \right) \end{aligned} \tag{6-69}$$

따라서

$$div\overrightarrow{D} = \nabla \cdot \overrightarrow{D} = \left(\frac{\partial D_x}{\partial x} + \frac{\partial D_y}{\partial y} + \frac{\partial D_z}{\partial z} \right) = \lim_{\Delta v \to 0} \frac{\oint \overrightarrow{D} \cdot \overrightarrow{ds}}{\Delta v} \tag{6-70}$$

이다. 여기서는 $\overrightarrow{D}$를 유체의 선속밀도라 하였으나 전속밀도, 속도, 힘 등 어떠한 임의의 벡터 $\overrightarrow{A}$에 대해서도 이 식은 성립한다. 이 연산은 여러 가지 물리적 성질을 규명하는 데 광범위하게 사용된다. $\overrightarrow{D}$를 임의의 벡터 $\overrightarrow{A}$라 하고 미소체적소 Δv에 대하여 이 식을 다시 쓰면

$$\left(\frac{\partial A_x}{\partial x}+\frac{\partial A_y}{\partial y}+\frac{\partial A_z}{\partial z}\right)=\lim_{\Delta v\to 0}\frac{\oint \vec{A}\cdot d\vec{s}}{\Delta v} \tag{6-71}$$

이다. 이것을 벡터장의 발산 또는 간단히 발산이라 부른나. 즉 벡터 $\vec{A}$의 발산은

$$\vec{A}\text{의 발산}=div\vec{A}=\nabla\cdot\vec{A}=\lim_{\Delta v\to 0}\frac{\oint \vec{A}\cdot d\vec{s}}{\Delta v} \tag{6-72}$$

로 정의된다. 이 식의 우변을 생각하면 벡터 $\vec{A}$의 발산의 물리적 의미는

"선속밀도를 표시하는 벡터 $\vec{A}$의 발산은 미소체적소의 크기를 영으로 할 때 그 폐곡면으로부터 밖으로 나오는 단위체적당 선속수의 극한값과 같다."

이다. 만일 어떤 점에서 임의의 벡터의 발산이 양의 값이면 그 점에 이 벡터량의 원천(source)이 있으며, 음의 값이면 벡터량의 싱크(sink)가 있다는 것을 의미한다. 어떤 폐곡면 내에 임의로 체적이 v인 한 폐곡면을 취할 때, 폐곡면 내의 체적 전체에 대한 벡터 $\vec{A}$의 발산을 체적적분을 한 것은, 체적 v를 둘러싼 표면적 S의 폐곡면 전체에 대한 벡터의 법선성분의 면적분과 같게 된다. 따라서 다음 식과 같이 쓸 수 있다. 이것을 **발산정리**(divergence theorem) 또는 **가우스정리**(Gauss' divergence theorem)라 한다.

$$\iiint_v (\nabla\cdot\vec{A})dv=\iint_s \vec{A}\cdot d\vec{s} \tag{6-73}$$

이것은 벡터해석에서 가장 중요한 정리 중 하나이다. 이 정리는 **임의의 체적 v에 대하여 취한 벡터장 $\vec{A}$의 발산의 체적적분이 그 체적 v를 둘러싸고 있는 폐곡면**

s**에 대하여 취한** $\vec{A}$**의 면적적분과 같다**는 것을 의미한다.

이 정리는 전계에 대하여 적용할 때는 **전계의 발산정리**라 하며, 전기력선에 대한 체적적분을 면적적분으로 또는 그 역으로 환산하는 데 사용되며 다음과 같이 쓸 수 있다. 여기서 $\vec{E}$는 전계 또는 전계의 세기이며 $\vec{n}$은 폐곡면상의 외향 법선벡터이다.

$$\iint_s \vec{E} \cdot \vec{n} ds = \iiint_v div \vec{E} \cdot dv \qquad (6\text{-}74)$$

이 식은 **임의의 폐곡면 내의 단위체적에서 발산하는 전기력선의 체적에 대한 총합은 그 폐곡면을 통하여 유출하는 전기력선의 양과 같다**는 의미를 가지고 있다.

여기서 참고로 벡터 $\vec{A}$의 면적분을 살펴본다. 벡터 $\vec{A}$가 이루는 장(field)의 면 S상의 미소면적 ds에 대한 법선방향의 단위벡터 $\vec{n}$과 벡터 $\vec{A}$와의 내적을 전체 면적에 대하여 적분한 $\int \vec{A} \cdot \vec{n} ds$를 S상에 있는 벡터 $\vec{A}$의 면적분이라 하며 $\vec{A} \cdot \vec{n}$은 $\vec{n}$ 방향으로의 $\vec{A}$의 정사영이다. 그림에서와 같이 $A_n = \vec{A} \cdot \vec{n}$으로 쓰면

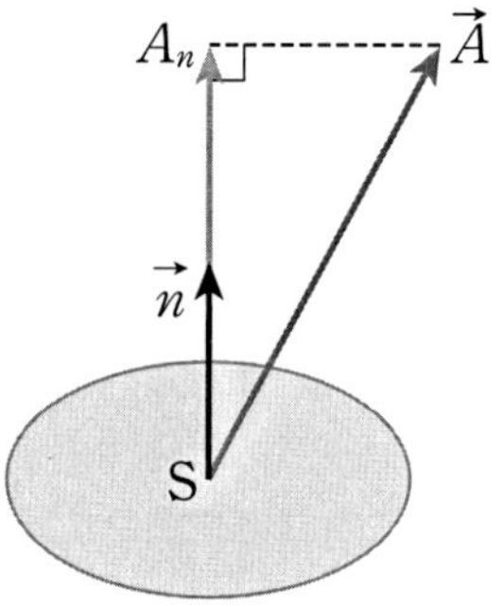

그림 6.6

$$\iint_s \vec{A} \cdot \vec{n} ds = \int_s A_n ds \quad (6\text{-}75)$$

이고, 미소면적 $\vec{ds}$의 법선방향을 고려하면 $\vec{ds} = \vec{n} ds$이므로

$$\iint_s \vec{A} \cdot \vec{n} ds = \iint_s A_n ds = \iint_s \vec{A} \cdot \vec{ds} \quad (6\text{-}76)$$

로 표시된다. 여기서 $\vec{ds}$는 **면적 벡터**(area vector)이다. 면적 벡터는 크기가 면적과 같고 방향은 평면의 단위벡터와 같은 벡터를 말한다. 면적 벡터 $\vec{ds}$는

$$\vec{ds} = \vec{i} ds_x + \vec{i} ds_y + \vec{k} ds_z \quad (6\text{-}77)$$

이므로 벡터 $\vec{A}$에 대한 면 적분(surface integral)은 다음과 같이 된다.

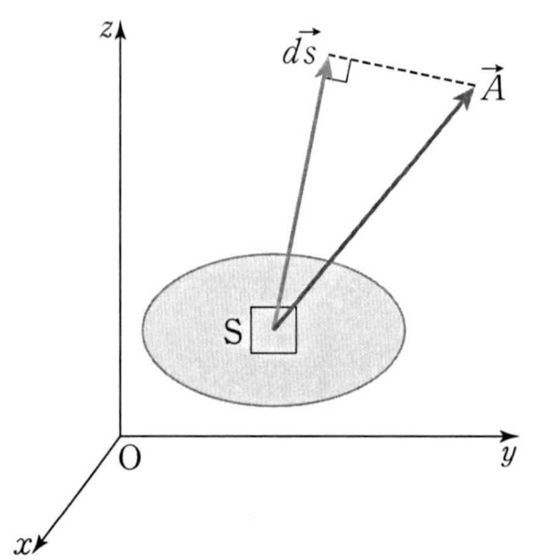

그림 6.7

$$\iint_s \vec{A} \cdot \vec{ds} = \iint_s (A_x ds_x + A_y ds_y + A_z ds_z) \tag{6-78}$$

즉, 벡터 $\vec{A}$의 면 적분은 면 전체를 통과하는 벡터 $\vec{A}$의 선속이다.

6.4.2 벡터장의 회전과 Stokes 정리

(1) 선 적분(line integral)

임의의 공간에서의 벡터장을 $\vec{A}$라 하고 그림에서와 같이 호의 길이를 l, A와 B를 호선상의 두 점이라 하면 미소 길이벡터 $d\vec{l}_1, d\vec{l}_2, d\vec{l}_3 ... d\vec{l}_n$과 벡터장 $\vec{A}$의 내적은 $\vec{A} \cdot d\vec{l}_1, \vec{A} \cdot d\vec{l}_2, \vec{A} \cdot d\vec{l}_3 ... \vec{A} \cdot d\vec{l}_n$이므로 내적의 합은

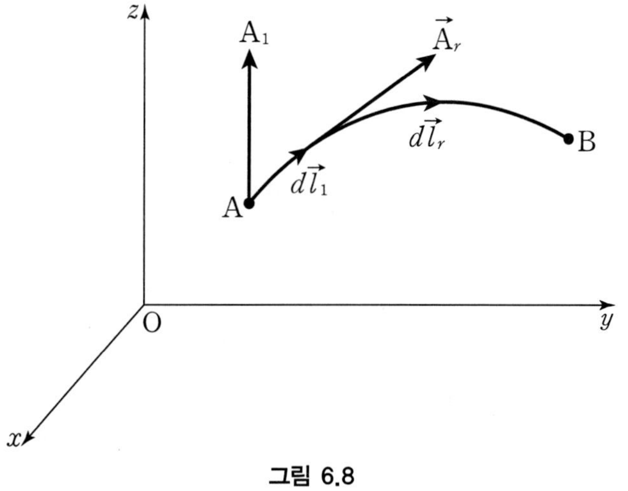

그림 6.8

$$\sum_A^B \vec{A}_r \cdot d\vec{l}_r = \int_A^B \vec{A} \cdot d\vec{l} \tag{6-79}$$

이고, 이것은 곡선 A에서 B까지의 벡터 $\overrightarrow{A}$의 선 적분이 된다. 이 선 적분을 직교 좌표계에서 각 성분으로 표시하면 다음 식과 같이 된다.

$$\int_A^B \overrightarrow{A_r} \cdot \vec{dl_r} = \int_A^B (A_x dx + A_y dy + A_z dz) \tag{6-80}$$

벡터 $\overrightarrow{A}$를 위치의 스칼라 함수 ϕ의 경도(gradient) $\nabla\phi$라 하면,

$$\overrightarrow{A} = \nabla\phi \tag{6-81}$$

이고

$$\int_A^B \overrightarrow{A} \cdot \vec{dl} = \int_A^B (\nabla\phi) \cdot \vec{dl} = \int_A^B (\frac{\partial\phi}{\partial x}dx + \frac{\partial\phi}{\partial y}dy + \frac{\partial\phi}{\partial z}dz) \tag{6-82}$$

이다. 여기서

$$\frac{\partial\phi}{\partial x}dx + \frac{\partial\phi}{\partial y}dy + \frac{\partial\phi}{\partial z}dz = d\phi \tag{6-83}$$

이고, $d\phi$는 ϕ의 전미분(total devivative)이다. 따라서

$$\int_A^B \overrightarrow{A} \cdot \vec{dl} = \int_A^B d\phi = \phi_B - \phi_A \tag{6-84}$$

이고, ϕ_B와 ϕ_A는 각각 점 B와 A에서 스칼라 함수 ϕ가 가지는 값이다.

이 식으로부터 폐곡선 주위에서 취한 어떤 위치의 스칼라 함수의 경도에 관한 선 적분은, 그 곡선이 폐곡선이면 점 A와 B가 일치하여 스칼라 함수 값의 차는

$\phi_A - \phi_A$이므로 0이 된다.

(2) 회전과 스토크스 정리(stokes' theorem)

다음 그림에서 Δx와 Δy로 구성되는 미소면적의 중심점에서의 유선의 선속밀도를

$$\vec{D} = \vec{i}D_x + \vec{j}D_y + \vec{k}D_z \tag{6-85}$$

라 하면 미소면적에 대한 선 적분은 $A \to B \to C \to D$의 경로를 따라 적분한 값과 같으며

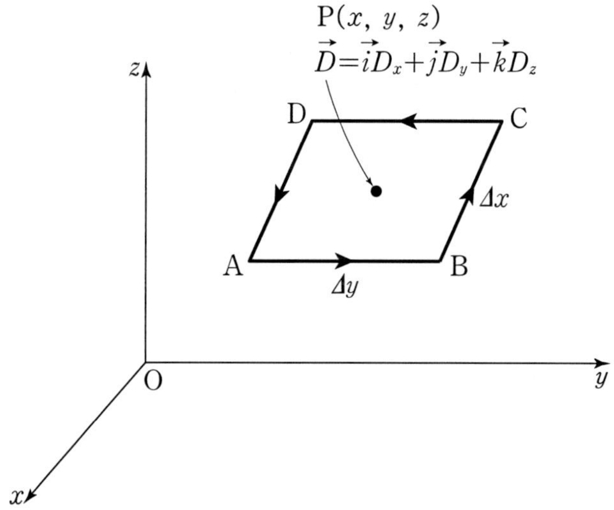

그림 6.9

$$\oint \vec{D} \cdot \vec{dl} = \int_A^B \vec{D} \cdot \vec{dl} + \int_B^C \vec{D} \cdot \vec{dl} + \int_C^D \vec{D} \cdot \vec{dl} + \int_D^A \vec{D} \cdot \vec{dl} \tag{6-86}$$

으로 표시된다.

첫째항 $\int_A^B \overrightarrow{D} \cdot \vec{dl}$은 A에서 B까지의 길이와 선상의 선속밀도의 곱과 같으므로

$$\int_A^B \overrightarrow{D} \cdot \vec{dl} = D_{yA \to B} \triangle y \tag{6-87}$$

이다. 그리고 $D_{yA \to B}$는 중심에서 $\frac{\triangle x}{2}$만큼 변화하므로

$$D_{yA \to B} = D_y + \frac{\partial D_y}{\partial x}\left(\frac{\triangle x}{2}\right) \tag{6-88}$$

이다. 따라서 A에서 B까지의 선 적분은 다음 식과 같이 된다.

$$\int_A^B \overrightarrow{D} \cdot \vec{dl} = \left(D_y + \frac{1}{2}\frac{\partial D_y}{\partial x}\triangle x\right)\triangle y \tag{6-89}$$

같은 방법으로

$$\int_B^C \overrightarrow{D} \cdot \vec{dl} = D_{xB \to C}(-\triangle x) = -\left(D_x + \frac{1}{2}\frac{\partial D_x}{\partial y}\triangle y\right)\triangle x \tag{6-90}$$

$$\int_C^D \overrightarrow{D} \cdot \vec{dl} = D_{yC \to D}\triangle y = -\left(D_y - \frac{1}{2}\frac{\partial D_y}{\partial x}\triangle x\right)\triangle y \tag{6-91}$$

$$\int_D^A \overrightarrow{D} \cdot \vec{dl} = D_{xD \to A}\triangle x = \left(D_x - \frac{1}{2}\frac{\partial D_x}{\partial y}\triangle y\right)\triangle x \tag{6-92}$$

가 된다. 결국 선속밀도 $\overrightarrow{D}$에 대한 선 적분은

$$\oint \overrightarrow{D} \cdot \vec{dl} = \left(\frac{\partial D_y}{\partial x} - \frac{\partial D_x}{\partial y} \right) \Delta x \Delta y \tag{6-93}$$

이 되며, 이 식을 면적 $\Delta x\,\Delta y$로 나누어 주고 극한값을 취하면

$$\lim_{\Delta x,\,\Delta y \to 0} \frac{\oint \overrightarrow{D} \cdot \vec{dl}}{\Delta x\,\Delta y} = \frac{\partial D_y}{\partial x} - \frac{\partial D_x}{\partial y} \tag{6-94}$$

를 얻는다. 여기서

$$\lim_{\Delta x,\,\Delta y \to 0} \frac{\oint \overrightarrow{D} \cdot \vec{dl}}{\Delta x\,\Delta y} = [Curl\,\overrightarrow{D}]_z \tag{6-95}$$

이고 이 식은 회전(curl)의 z방향 성분이다. 같은 방법으로 yz 평면, zx 평면 내에서의 미소면적에 대한 선 적분을 구하면 회전의 x방향 성분과 y방향 성분을 다음과 같이 구할 수 있다.

$$[Curl\,D]_x = \lim_{\Delta x,\,\Delta y \to 0} \frac{\oint \overrightarrow{D} \cdot \vec{dl}}{\Delta x\,\Delta y} = \left(\frac{\partial D_z}{\partial y} - \frac{\partial D_y}{\partial z} \right) \tag{6-96}$$

$$[Curl\,D]_y = \lim_{\Delta x,\,\Delta y \to 0} \frac{\oint \overrightarrow{D} \cdot \vec{dl}}{\Delta x\,\Delta y} = \left(\frac{\partial D_x}{\partial z} - \frac{\partial D_z}{\partial x} \right) \tag{6-97}$$

따라서 회전의 x, y, z 성분을 모두 합하고 각 방향의 단위 벡터를 붙여주면

$$Curl\,\overrightarrow{D} = \vec{i}(Curl\,\overrightarrow{D})_x + \vec{j}(Curl\,\overrightarrow{D})_y + \vec{k}(Curl\,\overrightarrow{D})_z$$
$$= \vec{i}\left(\frac{\partial D_z}{\partial y} - \frac{\partial D_y}{\partial z}\right) + \vec{j}\left(\frac{\partial D_x}{\partial z} - \frac{\partial D_z}{\partial x}\right) + \vec{k}\left(\frac{\partial Dy}{\partial x} - \frac{\partial D_x}{\partial y}\right) \quad (6\text{-}98)$$

이 되고, $Curl\,\overrightarrow{D}$는 3차원 공간에서의 벡터량이다. 벡터미분연산자 ∇을 사용하여 $Curl\,\overrightarrow{D}$를 표시하면

$$\nabla \times \overrightarrow{D} = Curl\,\overrightarrow{D} = \vec{i}\left(\frac{\partial D_z}{\partial y} - \frac{\partial D_y}{\partial z}\right) + \vec{j}\left(\frac{\partial D_x}{\partial z} - \frac{\partial D_z}{\partial x}\right) + \vec{k}\left(\frac{\partial D_y}{\partial x} - \frac{\partial D_x}{\partial y}\right) \quad (6\text{-}99)$$

이고, 이 식을 기호행렬식을 사용하여 다음과 같이 표시할 수 있다.

$$\nabla \times \overrightarrow{D} = Curl\,\overrightarrow{D} = \vec{i}\left(\frac{\partial D_z}{\partial y} - \frac{\partial D_y}{\partial z}\right) + \vec{j}\left(\frac{\partial D_x}{\partial z} - \frac{\partial D_z}{\partial x}\right) + \vec{k}\left(\frac{\partial D_y}{\partial x} - \frac{\partial D_x}{\partial y}\right)$$
$$= \begin{vmatrix} \vec{i} & \vec{j} & \vec{k} \\ \dfrac{\partial}{\partial x} & \dfrac{\partial}{\partial y} & \dfrac{\partial}{\partial z} \\ D_x & D_y & D_z \end{vmatrix} \quad (6\text{-}100)$$

선 적분과 벡터장의 회전과의 관계를 증명하기 위하여 다음 그림에서와 같이 x, y 평면 안에 있는 미소길이 Δx, Δy를 따라 벡터 $\overrightarrow{A}$의 선 적분을 계산하면

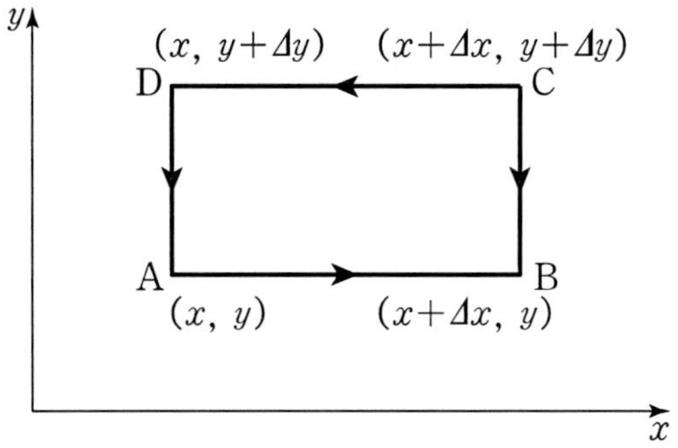

그림 6.10

$$\oint \overrightarrow{A} \cdot d\vec{l} = \int_A^B \overrightarrow{A} \cdot d\vec{l} + \int_B^C \overrightarrow{A} \cdot d\vec{l} + \int_C^D \overrightarrow{A} \cdot d\vec{l} + \int_D^A \overrightarrow{A} \cdot d\vec{l} \qquad (6\text{-}101)$$

이며

$$\int_A^B \overrightarrow{A} \cdot d\vec{l} = A_x \Delta x$$

$$\int_B^C \overrightarrow{A} \cdot d\vec{l} = \left(A_y + \frac{\partial A_y}{\partial x} \cdot \Delta x\right)\Delta y$$

$$\int_C^D \overrightarrow{A} \cdot d\vec{l} = -\left(A_x + \frac{\partial A_x}{\partial y} \cdot \Delta y\right)\Delta x$$

$$\int_D^A \overrightarrow{A} \cdot d\vec{l} = -A_y \Delta y$$

이므로

$$\oint_{ABCDA} \vec{A} \cdot d\vec{l} = \left(\frac{\partial A_y}{\partial x} - \frac{\partial A_x}{\partial y} \right) \triangle x \triangle y \quad (6\text{-}102)$$

을 얻는다. 따라서

$$\oint_{ABCDA} \vec{A} \cdot d\vec{l} = (\nabla \times \vec{A})_z ds_{xy} \quad (6\text{-}103)$$

이고, 여기서 $(\nabla \times \vec{A})_z$는 $\vec{A}$의 회전의 Z방향 성분이고, ds_{xy}는 $ABCD$의 면적이다. 이번에는 다음 그림과 같이 xy 평면 내에 있는 폐곡면을 생각하자. 임의의 폐곡면 주변을 C라 하고 이 폐곡면을 미소면적 ds_1, ds_2, $ds_3 ... ds_n$으로 나누고 선 적분을 취한다. 이 때 인접 미소면적 간의 공통되는 각 변은 적분을 할 때 서로 반대방향이어서 상쇄되므로 결국 적분을 모두 합하면 경계 주변의 적분만 남게 된다.

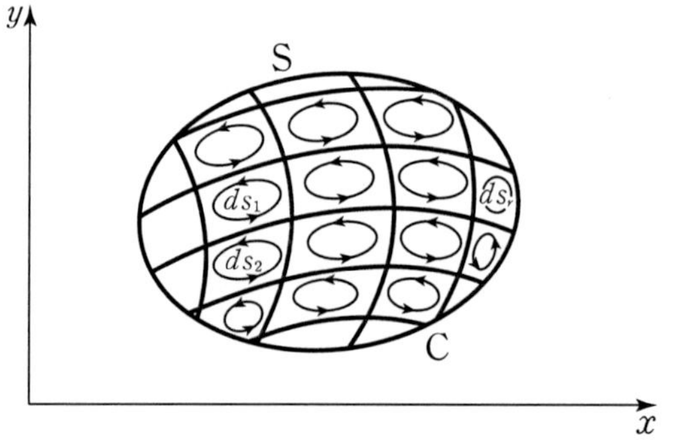

그림 6.11

따라서

$$\oint_c \vec{A} \cdot d\vec{l} = \oint_{ds1} \vec{A} \cdot d\vec{l}_1 + \oint_{ds2} \vec{A} \cdot d\vec{l}_2 + \cdots\cdots$$

이고

$$\sum_{r=1}^{\infty}\oint_{r}\overrightarrow{A}\cdot d\vec{l}=\sum_{r=1}^{\infty}(\nabla\times\overrightarrow{A})_{z}\cdot ds_{xyr} \tag{6-104}$$

가 된다. 또한

$$\sum_{r=1}^{\infty}\oint_{r}\overrightarrow{A}\cdot d\vec{l}=\oint_{c}\overrightarrow{A}\cdot d\vec{l}$$

이며,

$$\sum_{r=1}^{\infty}(\nabla\times\overrightarrow{A})_{z}ds_{yxr}=\iint_{s}(\nabla\times\overrightarrow{A})_{z}ds_{xy}$$

이므로

$$\oint_{c}\overrightarrow{A}\cdot d\vec{l}=\iint_{s}(\nabla\times\overrightarrow{A})_{z}ds_{xy} \tag{6-105}$$

이 되며, 이 식은 폐곡면 S의 주변 C를 따라 벡터장 $\overrightarrow{A}$를 선적분한 것은 전표면적 S에 대한 벡터장 $\overrightarrow{A}$의 회전에 대한 법선방향 성분의 면적적분과 같다는 것을 의미한다.

다음 그림에서 OA, OB, OC성분은 서로 상쇄되므로 선적분은

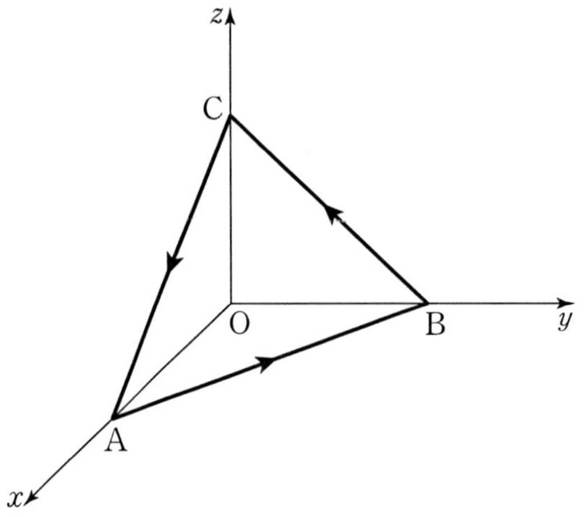

그림 6.12

$$\oint_{ABC} \vec{A} \cdot d\vec{l} = \oint_{OBC} \vec{A} \cdot d\vec{l} + \oint_{OCA} \vec{A} \cdot d\vec{l} + \oint_{OAB} \vec{A} \cdot d\vec{l} \qquad (6\text{-}106)$$

이 된다. 그리고 식(6-105)에 의해

$$\int_{OBC} \vec{A} \cdot d\vec{l} = \iint_{OBC} (\nabla \times \vec{A})_x \, dy\, dx$$

$$\int_{OCA} \vec{A} \cdot d\vec{l} = \iint_{OCA} (\nabla \times \vec{A})_y \, dz\, dx$$

$$\int_{OAB} \vec{A} \cdot d\vec{l} = \iint_{OAB} (\nabla \times \vec{A})_z \, dx\, dy$$

으로 되며 식 (6-106)은

$$\oint_{ABC} \vec{A} \cdot d\vec{l} = \iint_{OBC} (\nabla \times \vec{A})_x dy\, dx + \iint_{OCA} (\nabla \times \vec{A})_y dz\, dx + \iint_{OAB} (\nabla \times \vec{A})_z dx\, dy \qquad (6\text{-}107)$$

이고, $\vec{ds}$는

$$\vec{ds} = \vec{i}ds_x + \vec{j}ds_y + \vec{k}ds_z = \vec{i}\,dy\,dz + \vec{j}\,dx\,dz + \vec{k}\,dx\,dy$$

이므로 식 (6-107)은

$$\oint_{ABC} \vec{A} \cdot d\vec{l} = \iint_{ABC} (\nabla \times \vec{A}) \cdot d\vec{s}$$

와 같이 표시되고, 일반적으로 주변을 C라 하고 폐곡면을 S라 하면

$$\oint_{C} \vec{A} \cdot d\vec{l} = \iint_{S} (\nabla \times \vec{A}) \cdot d\vec{s} \qquad (6\text{-}108)$$

로 표시되며 이러한 관계를 **스토크스의 정리**(stokes' theorem)라 한다. 스토크스의 정리는 임의의 벡터장에 대하여 성립하는 식이다. 위의 식에서 알 수 있는 바와 같이 폐곡면 S에 대한 벡터장 $\vec{A}$의 회전에 대한 면적분은 폐곡면의 주변을 따라 벡터장 $\vec{A}$를 선적분한 것과 같다는 것을 의미한다.

(3) 벡터 퍼텐셜(vector potential)

벡터 퍼텐셜은 자기장에 대하여 정의되는 위치함수이다. 우선 전기장에 대하여 생각한다. 공간전하밀도 ρ의 분포에 의한 전계 $\vec{E}$는

$$div\vec{E} = \frac{\rho}{\epsilon_0}$$

이며, 전계는 보존적이어서 회전하지 않으므로 $curl\,\vec{E}=0$의 관계가 성립한다. 이러한 **비회전적**(irrotational)인 전계에서는 전위 V를 생각할 수 있으며 전계 $\vec{E}$는 전위가 낮아지는 방향으로 향하므로

$$\vec{E}=-grad\,V=-\nabla V \tag{6-109}$$

의 관계가 성립한다. 이 때 V를 벡터 $\vec{E}$의 **스칼라 퍼텐셜**(scalar potential) 또는 간단히 **전위**(electric potential)라 한다. 따라서 정전계를 구하는 문제는 전위 V를 구하는 문제로 취급되며 이것은 푸아송 방정식(Poission's equation) 또는 라플라스 방정식(Lplace's equation)

$$\nabla^2 \boldsymbol{V}=-\frac{\rho}{\epsilon_0} \text{ : 푸아송 방정식}$$

$$\nabla^2 \boldsymbol{V}=0 \text{ : 라플라스 방정식}$$

의 해를 구하는 것임을 앞에서 설명하였다.

공간전하밀도 ρ인 공간에 있어서 임의의 점의 전위는 위의 푸아송 방정식을 풀어서 다음의 전 공간에 대한 적분 형식으로 주어짐을 알 수 있다.

$$V=\frac{1}{4\pi\epsilon_0}\iiint_v \frac{\rho dv}{r} \tag{6-110}$$

여기서 r은 전하 ρdv의 원천 점에서부터 전위를 생각할 점까지의 거리이다.

이 개념을 이용하여 전류에 의한 자계를 구하는 방법에 대하여 생각해보기로 한다. 공간전류분포에 의한 자계 $\overrightarrow{H}$는

$$curl\overrightarrow{H} = \nabla \times \overrightarrow{H} = \overrightarrow{J} \tag{6-111}$$

로 주어지며 $\overrightarrow{J}$는 전류밀도이다. 자속밀도 $\overrightarrow{B}$는 자계 $\overrightarrow{H}$와 $\overrightarrow{B} = \mu\overrightarrow{H}$의 관계가 있으며 자속밀도 $\overrightarrow{B}$는 연속적이므로

$$div\overrightarrow{B} = \nabla \cdot \overrightarrow{B} = 0 \tag{6-112}$$

이다. 이와 같이 발산이 0인 즉, 원천(source)이 없는 벡터장은 다른 벡터장의 회전으로 표시할 수 있다. 즉, $\overrightarrow{A}$를 공간상의 임의의 벡터라 하면

$$\overrightarrow{B} = curl\overrightarrow{A} = \nabla \times \overrightarrow{A} \tag{6-113}$$

로 표시할 수 있다. 왜냐하면 임의의 벡터 $\overrightarrow{A}$에 대하여 $div \cdot curl$을 취하면 그 결과는 항상 0이 되어서

$$div\overrightarrow{B} = 0 \tag{6-114}$$

의 관계를 만족하기 때문이다. 이와 같은 경우의 벡터 $\overrightarrow{A}$를 자속밀도 $\overrightarrow{B}$의 **벡터 퍼텐셜**(vector potential)이라 한다.

6.5 벡터해석과 미분형 Maxwell 방정식 개괄

미분형 Maxwell 방성식을 다음과 같이 요약해본다. 다만 여기서는 진자기학에서 나오는 Maxwell 방정식을 세부적으로 알아보기 위한 것이 아니고 지금까지 학습한 벡터해석을 충분히 이해하면 Maxwell 방정식을 어렵지 않게 연산할 수 있고 전자기학을 잘 이해할 수 있다는 것을 보여주기 위함이다. Maxwell 방정식에 대한 세부 사항은 관련 도서를 참고하기 바란다.

미분형 Maxwell 방정식	의미(요약)
$\nabla\times\vec{E}=-\dfrac{\partial\vec{B}}{\partial t}$	시간에 따라 변하는 자기장에 의해 전기장이 발생
$\nabla\times\vec{H}=\vec{J}+\dfrac{\partial\vec{D}}{\partial t}$	시간에 따라 변하는 전기장에 의해 자기장이 발생
$\nabla\cdot\vec{D}=\rho_v$	전기장에 관한 Gauss 법칙 한 점으로부터 나가는 전속은 그 점에서의 체적전하밀도와 같다.
$\nabla\cdot\vec{B}=0$	전기장에 관한 Gauss 법칙 자하 또는 자극이 존재하지 않음. 자계는 연속이다.

전속밀도 $\vec{D}$와 전계의 세기 $\vec{E}$의 관계 : $\vec{D}=\epsilon\vec{E}$

자속밀도 $\vec{B}$와 자계의 세기 $\vec{H}$의 관계 : $\vec{B}=\mu\vec{H}$

전류밀도 $\vec{J}$와 전계의 세기 $\vec{E}$의 관계 : $\vec{J}=\sigma\vec{E}$

제1장
제2장
제3장
제4장
제5장
제6장
제7장

예제

다음의 전자계에 관한 벡터 $\overrightarrow{E}$와 $\overrightarrow{H}$가 Maxwell 방정식을 만족하도록 전계($\overrightarrow{E}$)를 나타내는 식의 상수 a 값을 정하시오. 단, $\mu = 0.25\,[H/m]$, $\epsilon = 0.01\,[F/m]$ 이다.

$$\overrightarrow{E} = (ax - 100t)\overrightarrow{j}\,[V/m],\ \overrightarrow{H} = (x + 20t)\overrightarrow{k}$$

풀이 $\nabla \times \overrightarrow{E} = -\dfrac{\partial \overrightarrow{B}}{\partial t}$ 이고,

$$\nabla \times \overrightarrow{E} = \left(\frac{\partial E_3}{\partial y} - \frac{\partial E_2}{\partial z}\right)i + \left(\frac{\partial E_1}{\partial z} - \frac{\partial E_3}{\partial x}\right)j + \left(\frac{\partial E_2}{\partial x} - \frac{\partial E_1}{\partial y}\right)k$$

주어진 벡터 $\overrightarrow{E}$에 대하여 회전을 취하면

$$\nabla \times \overrightarrow{E} = \left(\frac{\partial E_2}{\partial x}\right)\overrightarrow{k} = a\overrightarrow{k}$$

이고,

$\nabla \times \overrightarrow{E} = -\dfrac{\partial \overrightarrow{B}}{\partial t}$, $\overrightarrow{B} = \mu\overrightarrow{H}$의 관계에서 우변의 $-\dfrac{\partial \overrightarrow{B}}{\partial t}$는

$$-\frac{\partial \overrightarrow{B}}{\partial t} = -\mu\left(\frac{\partial \overrightarrow{H}}{\partial t}\right) = -0.25\left(\frac{\partial H_3}{\partial t}\right)\overrightarrow{k} = -5\overrightarrow{k}$$

$$a\overrightarrow{k} = -5\overrightarrow{k}$$

$$\therefore\ a = -5\,[V/m^2]$$

제7장

좌표계

제1장
제2장
제3장
제4장
제5장
제6장
제7장

공간에서의 벡터를 나타낼 때 가장 기본이 되는 좌표계는 직각좌표계(rectangular coordinate system)이다. 지금까지 이 책에서는 직각좌표계를 사용하여 기본적인 벡터 연산을 하였다. 그러나 원통 또는 구대칭성을 갖는 공학에서의 문제를 다룰 때는 원통좌표계(cylindrical coordinate system), 구좌표계(spherical coordinate system)를 사용하여 공학적, 물리적 벡터양을 나타내는 것이 편리하다. 여기서는 이 세 가지 좌표계의 기본적인 사항을 살펴본다.

7.1 직각좌표계

직각좌표계(rectangular coordinate system)는 x, y, z의 세 개의 축으로 구성되며 각 축은 서로 직각을 이룬다. 직각좌표계에서 공간상의 한 점은 $P(x_{1,}\ y_{1,}\ z_1)$로 표시하며 이 점 P는 $x=x_1$ 평면, $y=y_1$ 평면, $z=z_1$ 평면이 서로 교차하는 점이다. P점에서의 단위벡터 $\vec{a}_x$, $\vec{a}_y$, $\vec{a}_z$는 크기가 1이고 각 좌표축과 평행하며 값이 증가하는 방향을 갖는다. 직각좌표계에서의 단위벡터는 $\hat{i}$, $\hat{j}$, $\hat{k}$로 표기하기도 한다. 직각좌표계에서 점 P의 위치벡터 $\vec{r}$을 단위벡터를 사용하여 나타내면

$$\vec{r}=x_1\vec{a}_x+y_1\vec{a}_y+z_1\vec{a}_z,\ \vec{r}=x_1\hat{i}+y_1\hat{j}+z_1\hat{k} \tag{7-1}$$

x, y, z 축을 따라 일어나는 미소 길이 증분을 각각 dx, dy, dz라 하면 미소 경로길이(differential path length, 變位, 변위) 벡터 $d\vec{r}$은

$$\vec{dr} = dx\,\vec{a_x} + dy\,\vec{a_y} + dz\,\vec{a_z} \qquad (7\text{-}2)$$

이다. x, y, z 각 축 방향으로의 미소 표면적(面素, 면소) 벡터 $\vec{dS_x}$, $\vec{dS_y}$, $\vec{dS_z}$는 표면에 수직이면서 값이 증가하는 방향을 가리키는데 다음과 같이 정의한다.

$$\vec{dS_x} = dydz\,\vec{a_x}$$
$$\vec{dS_y} = dxdz\,\vec{a_y}$$
$$\vec{dS_z} = dxdy\,\vec{a_z} \qquad (7\text{-}3)$$

전체 미소 표면적(面素, 면소) 벡터 $\vec{dS}$는

$$\vec{dS} = dydz\,\vec{a_x} + dxdz\,\vec{a_y} + dxdy\,\vec{a_z} \qquad (7\text{-}4)$$

이다. 또한 미소 부피(differential volume, 體積素, 체적소) dv는

$$dv = dxdydz \qquad (7\text{-}5)$$

이다. 직각표계에서 점 P에서 다음과 같이 표시되는 두 개의 벡터

$$\vec{A} = A_x\vec{a_x} + A_y\vec{a_y} + A_z\vec{a_z} \qquad (7\text{-}6)$$

$$\vec{B} = B_x\vec{a_x} + B_y\vec{a_y} + B_z\vec{a_z} \qquad (7\text{-}7)$$

가 있을 때 두 벡터의 합, 내적, 외적은 다음과 같이 됨은 앞에서 이미 학습하였다.

$$\vec{A}+\vec{B}=(A_x+B_x)\vec{a}_x+(A_y+B_y)\vec{a}_y+(A_z+B_z)\vec{a}_z \tag{7-8}$$

$$\vec{A}\cdot\vec{B}=A_xB_x+A_yB_y+A_zB_z \tag{7-9}$$

$$\vec{A}\times\vec{B}=(A_yB_z-A_zB_y)\vec{a}_x+(A_zB_x-A_xB_z)\vec{a}_y+(A_xB_y-A_yB_x)\vec{a}_z \tag{7-10}$$

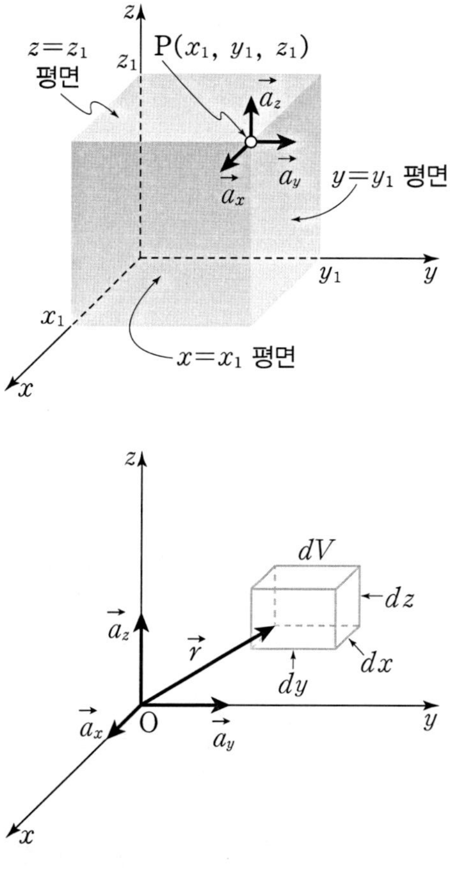

그림 7.1 직각좌표계의 단위벡터와 미소체적

7.2 원통좌표계

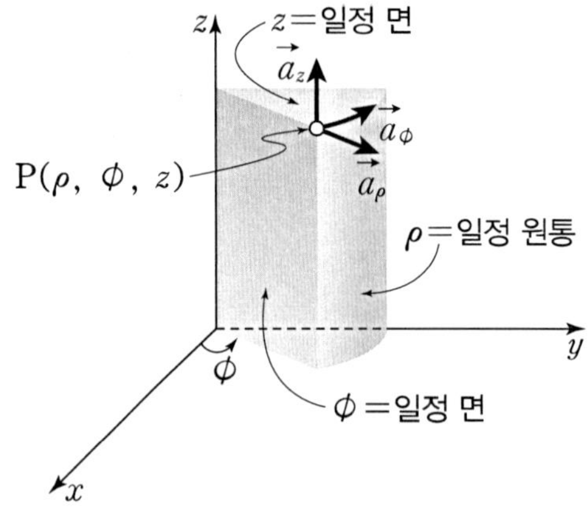

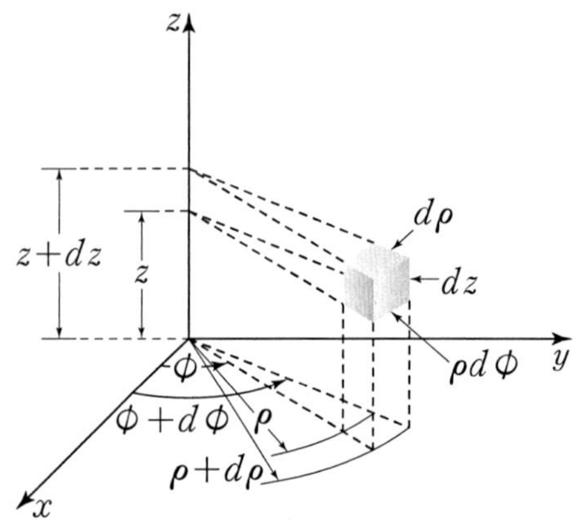

그림 7.2 원통좌표계

원통좌표계(cylindrical coordinate system)에서 한 점 P는 ρ, ϕ, z로 표현되는데 이 점은 각각 일정한 세 개 면의 교점이 된다. 세 개 면 중 한 면은 z축을 중심으로 하고 반지름이 $\rho=$일정인 원통 면, 다른 한 면은 $x-y$ 평면에 수직이면서 z축을 중심으로 x에서 y방향으로 각도 ϕ만큼 회전한 면, 그리고 나머지 한 면은 $z=$일정인 면이다. 단, 각도 ϕ는 $0 \le \phi \le 2\pi$이다.

직각좌표계에서 단위벡터를 정의했듯이 원통좌표계에서 P점에서의 3가지의 단위벡터 $\vec{a}_\rho$, $\vec{a}_\phi$, $\vec{a}_z$를 정의한다. 단위벡터 $\vec{a}_\rho$은 반지름이 ρ인 원통 면에 직각이고 원통 바깥쪽을 향하는 방향을 가지며 ϕ=일정, $z=$일정인 두 평면상에 있다. 단위벡터 $\vec{a}_\phi$는 ϕ=일정인 면에 직각으로 ϕ가 증가하는 방향을 가지며 $z=$일정인 평면상에 있고 반지름이 $\rho=$일정인 원통 면의 접선방향이 된다. 단위벡터 $\vec{a}_z$는 직각좌표계의 $\vec{a}_z$와 마찬가지로 $x-y$ 평면에 수직이며 값이 증가하는 방향을 가진다. 3가지 단위벡터 $\vec{a}_\rho$, $\vec{a}_\phi$, $\vec{a}_z$ 중에서 2가지 $\vec{a}_\rho$, $\vec{a}_\phi$는 공간상의 점 P의 위치에 따라 방향이 달라짐을 알 수 있다.

이 단위벡터 $\vec{a}_\rho$, $\vec{a}_\phi$, $\vec{a}_z$ 는 서로 직각이며 각 단위벡터는 서로 직교하는 3면의 어느 1면의 법선방향과 같은 방향을 가진다. $\vec{a}_\rho \times \vec{a}_\phi = \vec{a}_z$의 관계가 성립하는 것이 오른손 원통좌표계라고 정의한다. 오른 손의 엄지손가락, 검지손가락, 가운데 손가락을 서로 직각이 되게 펼 때 이 손가락 각각이 ρ, ϕ, z가 증가하는 방향을 가리키게 된다. 오른손 원통좌표계에서 $\vec{a}_\rho \times \vec{a}_z = -\vec{a}_\phi$가 되고 $\vec{a}_\phi \times \vec{a}_z = \vec{a}_\rho$이 됨을 알 수 있다.

원통좌표계의 점 P에서 다음과 같이 표시되는 두 개의 벡터

$$\vec{A} = A_\rho \vec{a}_\rho + A_\phi \vec{a}_\phi + A_z \vec{a}_z \tag{7-11}$$

$$\vec{B} = B_\rho \vec{a}_\rho + B_\phi \vec{a}_\phi + B_z \vec{a}_z \tag{7-12}$$

가 있을 때 두 벡터의 합, 내적, 외적은 다음과 같이 된다.

$$\vec{A}+\vec{B}=(A_\rho+B_\rho)\vec{a}_\rho+(A_\theta+B_\theta)\vec{a}_\theta+(A_\phi+B_\phi)\vec{a}_\phi \quad (7\text{-}13)$$

$$\vec{A}\cdot\vec{B}=(A_\rho B_\rho)+(A_\phi B_\phi)+(A_z B_z) \quad (7\text{-}14)$$

$$\vec{A}\times\vec{B}=(A_\phi B_z-A_z B_\phi)\vec{a}_r+(A_z B_\rho-A_\rho B_z)\vec{a}_\phi+(A_\rho B_\phi-A_\phi B_\rho)\vec{a}_z \quad (7\text{-}15)$$

원통좌표계에서 벡터양에 대한 미분과 적분을 할 때 사용되는 미소 경로길이(differential path length), 미소 표면적(differential surface area), 미소 부피(differential volume)를 정의하여야 한다. ρ, ϕ, z 각 방향으로의 미소 거리 변화 dl_ρ, dl_ϕ, dl_z는 그림에서 알 수 있듯이 각각 다음과 같다.

반경이 ρ과 $\rho+d\rho$인 두 원통면 사이의 거리 : $dl_\rho=d\rho$

각도가 ϕ와 $\phi+d\phi$인 두 방사평면 사이의 거리 : $dl_\phi=\rho d\phi$

좌표가 z와 $z+dz$인 두 면 사이의 거리 : $dl_z=dz$

따라서 **미소 경로길이(線素, 선소) 벡터** $\vec{dl}$는 다음 식과 같이 나타낼 수 있다.

$$\vec{dl}=d\rho\vec{a}_\rho+\rho d\phi\vec{a}_\phi+dz\vec{a}_z \quad (7\text{-}16)$$

미소 부피(體積素, 체적소) dv는 ρ, ϕ, z 각 방향으로의 미소 거리 dl_ρ, dl_θ, dl_ϕ를 곱하면

$$dv=(d\rho)(\rho d\phi)(dz)=\rho\, d\rho\, d\phi\, dz \quad (7\text{-}17)$$

이다. ρ, ϕ, z 각 방향으로의 **미소 표면적(面素, 면소) 벡터**는 다음 식과 같이 정의

된다.

$$\vec{dS_\rho} = (\rho d\phi)(dz)\vec{a_\rho} = \rho d\phi dz\, \vec{a_\rho} \qquad (7\text{-}18)$$

$$\vec{dS_\phi} = (d\rho)(dz)\vec{a_\phi} = d\rho dz\, \vec{a_\phi} \qquad (7\text{-}19)$$

$$\vec{dS_z} = (d\rho)(\rho d\phi)\vec{a_z} = \rho d\rho d\phi\, \vec{a_z} \qquad (7\text{-}20)$$

예제

반지름이 ρ, 길이가 L인 원통의 부피와 표면적을 구하시오.

풀이 1. 원통의 부피 V는 ρ, ϕ, z에 대하여 적분하여 구할 수 있다.

$$V = \int dv$$

$$= \int_{\rho=0}^{\rho}\int_{\phi=0}^{2\pi}\int_{z=0}^{L} \rho d\rho d\phi dz$$

$$= \pi\rho^2 L$$

2. 원통의 표면적 S는 옆면, 아랫면, 윗면을 각각 적분하여 구한다.

$$S = \int_{\phi=0}^{2\pi}\int_{z=0}^{L} \rho d\phi dz + \int_{\phi=0}^{2\pi}\int_{\rho=0}^{\rho} \rho d\phi d\rho + \int_{\phi=0}^{2\pi} \rho d\phi d\rho$$

$$= 2\pi\rho L + 2\pi\rho^2$$

7.3 구좌표계

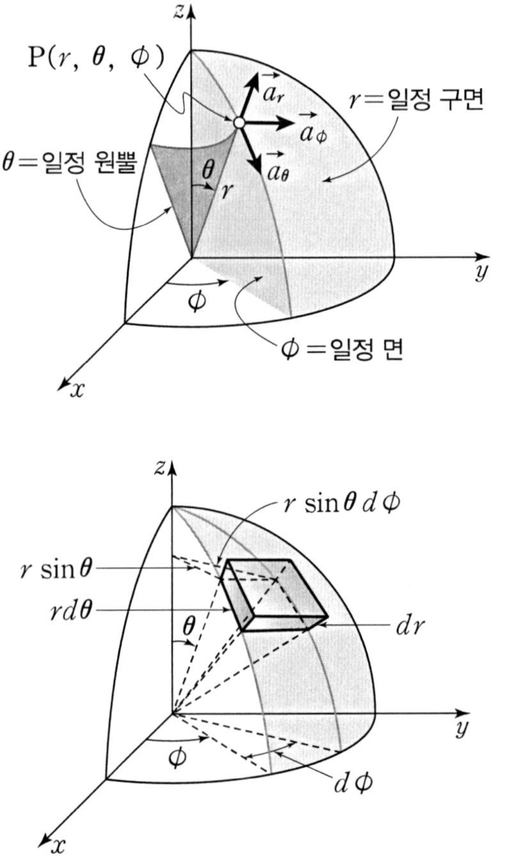

그림 7.3 구좌표계

구좌표계(spherical coordinate system)는 반지름 r의 구면, z축을 중심으로 하고 z축과의 각이 θ인 원뿔면, x-y 평면에 수직이면서 z축을 중심으로 x에서 y방향으로 각도 ϕ만큼 회전한 평면으로 이루어지며, 구면의 한 점 P는 r, θ, ϕ가 각각 일정한 세 면의 교점이 된다. 즉, 구면상의 한 점 P는 r, θ, ϕ를 이용하여 나타낼 수 있는데, r은 구의 반지름, θ는 점 P와 원점을 연결한 직선과 z축과의 각도, ϕ는 점 P와 원점을 연결하는 직선을 $z=0$인 평면에 투사한 선이 x축과 이루는 각도를 표시한다. 단, $0 \le \phi \le 2\pi$, $0 \le \theta \le \pi$이다.

단위벡터 $\vec{a_r}$, $\vec{a_\theta}$, $\vec{a_\phi}$의 방향을 생각해본다. 단위벡터 $\vec{a_r}$은 r=일정인 구면과 직각으로 r이 증가하는 방향으로의 벡터이며, 단위벡터 $\vec{a_\theta}$는 그 점을 통과하는 원뿔면과 직각이며 ϕ=일정인 평면상에 있고 r=일정인 구면의 접선방향 벡터이고, 단위벡터 $\vec{a_\phi}$는 ϕ=일정인 면에 직각이고 ϕ가 증가하는 방향을 가리키며 z=일정인 평면상에 있다. 요약하면 점 P에서의 단위벡터 $\vec{a_r}$, $\vec{a_\theta}$, $\vec{a_\phi}$는 각각 해당 좌표 값이 증가하는 방향을 가리킨다.

이 세 개의 단위벡터들이 서로 직교하고 $\vec{a_r} \times \vec{a_\theta} = \vec{a_\phi}$의 관계가 성립하는 좌표계가 오른손 구좌표계(right-handed spherical system)이며, 오른손의 엄지손가락, 집게손가락, 가운데손가락을 서로 직각이 되게 펼칠 때 각각의 손가락은 r, θ, ϕ가 증가하는 방향을 가리킨다.

구좌표계의 점 P에서 다음과 같이 표시되는 두 개의 벡터

$$\vec{A} = A_r\vec{a_r} + A_\theta\vec{a_\theta} + A_\phi\vec{a_\phi} \quad (7\text{-}21)$$

$$\vec{B} = B_r\vec{a_r} + B_\theta\vec{a_\theta} + B_\phi\vec{a_\phi} \quad (7\text{-}22)$$

가 있을 때 두 벡터의 합, 내적, 외적은 다음과 같이 된다.

$$\vec{A} + \vec{B} = (A_r + B_r)\vec{a_r} + (A_\theta + B_\theta)\vec{a_\theta} + (A_\phi + B_\phi)\vec{a_\phi} \quad (7\text{-}23)$$

$$\vec{A} \cdot \vec{B} = (A_rB_r) + (A_\theta B_\theta) + (A_\phi B_\phi) \quad (7\text{-}24)$$

$$\vec{A}\times\vec{B}=(A_\theta B_\phi - A_\phi B_\theta)\vec{a}_r + (A_\phi B_r - A_r B_\phi)\vec{a}_\theta + (A_r B_\theta - A_\theta B_r)\vec{a}_\phi \quad (7\text{-}25)$$

구좌표계에서 벡터양에 대한 미분과 적분을 할 때 사용되는 미소 경로길이(differential path length), 미소 표면적(differential surface area), 미소 부피(differential volume)를 정의하여야 한다. r, θ, ϕ 각 방향으로의 미소 거리 변화 dl_r, dl_θ, dl_ϕ는 그림에서 알 수 있듯이 각각 다음과 같다.

반경이 r과 $r+dr$인 두 구면 사이의 거리 : $dl_r = dr$

좌표가 θ와 $\theta+d\theta$인 두 원뿔면 사이의 거리 : $dl_\theta = rd\theta$

좌표가 ϕ와 $\phi+d\phi$인 두 면 사이의 거리 : $dl_\phi = rsin\theta d\phi$

따라서 **미소 경로길이(線素, 선소) 벡터** $\vec{dl}$는 다음 식과 같이 나타낼 수 있다.

$$\vec{dl} = dr\vec{a}_r + rd\theta\vec{a}_\theta + rsin\theta d\phi\vec{a}_\phi \quad (7\text{-}26)$$

미소 부피(體積素, 체적소) dv는 r, θ, ϕ 각 방향으로의 미소 거리 dl_r, dl_θ, dl_ϕ를 곱하면

$$dv = (dr)(rd\theta)(rsin\theta d\phi) = r^2 \sin\theta\, dr\, d\theta\, d\phi \quad (7\text{-}27)$$

이다. r, θ, ϕ 각 방향으로의 **미소 표면적(面素, 면소) 벡터**는 다음 식과 같이 정의된다.

$$\vec{dS}_r = (rd\theta)(rsin\theta d\phi)\vec{a}_r = r^2 \sin\theta\, d\theta\, d\phi\,\vec{a}_r \quad (7\text{-}28)$$

$$\overrightarrow{dS_\theta} = (dr)(rsin\theta d\phi)\overrightarrow{a_\theta} = r\sin\theta\, dr\, d\phi\, \overrightarrow{a_\theta} \tag{7-29}$$

$$\overrightarrow{dS_\phi} = (dr)(rd\theta)\overrightarrow{a_\phi} = r\, dr\, d\theta\ \overrightarrow{a_\phi} \tag{7-30}$$

제1장 제2장 제3장 제4장 제5장 제6장 제7장

예제

반지름이 r인 구면의 부피와 표면적을 구하시오.

풀이 1. 구면의 부피는 V는 $r,\ \theta,\ \phi$에 대하여 적분하여 구할 수 있다.

$$V = \int_v dv$$
$$= \int_{r=0}^{r}\int_{\theta=0}^{\pi}\int_{\phi=0}^{2\pi} r^2\sin\theta drd\theta d\phi$$
$$= \frac{4}{3}\pi r^3$$

2. 구면의 표면적 S는 θ와 ϕ에 대하여 적분하여 구할 수 있다.

$$S = \oint_s ds_r$$
$$= \int_{\theta=0}^{\pi}\int_{\phi=0}^{2\pi} r^2\sin\theta d\theta d\phi$$
$$= 4\pi r^2$$

7.4 좌표계 변환

벡터로 표시되는 물리량을 직각좌표계로 해석한 후 그 결과를 원통좌표계나 구좌표계로 표시해야 하거나 반대로 원통좌표계나 구좌표계로 해석한 후 그 결과를 직각좌표계로 표시해야 하는 경우가 있다. 좌표계 사이의 변환(transformation)은 변수변환과 성분변환을 하여 구한다.

7.4.1 직각좌표계 벡터와 원통좌표계 벡터 변환

직각좌표계로 표시한 벡터 $\vec{A}= A_x\vec{a}_x + A_y\vec{a}_y + A_z\vec{a}_z$를 원통좌표계의 벡터로 표시하는 문제가 주어졌다고 하자. 원통좌표계의 벡터는 $\vec{A}= A_r\vec{a}_r + A_\phi\vec{a}_\phi + A_z\vec{a}_z$로 표시된다.

우선, 좌표변환을 하면 공간상의 임의의 점 P에서 두 좌표계의 좌표변수들 사이에는 다음의 관계가 성립함을 그림에서 알 수 있다.

$$x, y, z\text{를 } \rho, \phi, z\text{의 함수로 표시 : } x = \rho\cos\phi,\ y = \rho\sin\phi,\ z = z \tag{7-31}$$

$$\rho, \phi, z\text{를 } x, y, z\text{의 함수로 표시 : } \rho^2 = x^2 + y^2,\ \tan\phi = \frac{y}{x},\ z = z \tag{7-32}$$

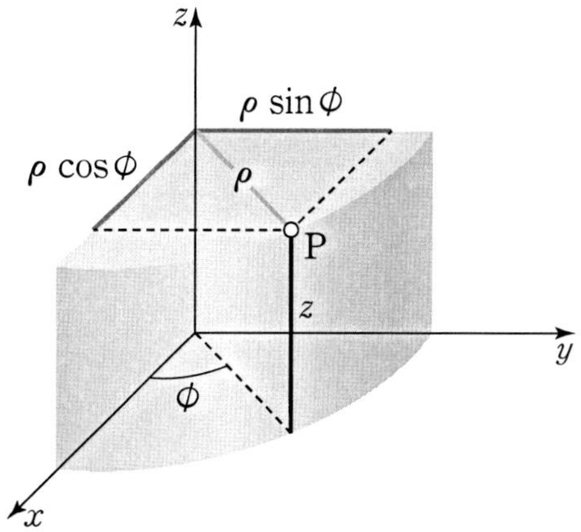

그림 7.4 직각좌표계의 x, y, z와 원통좌표계의 ρ, ϕ, z와의 관계

그리고 성분변환은 직각좌표계로 표시한 벡터의 성분 A_x, A_y, A_z를 원통좌표계로 표시한 벡터의 성분 A_ρ, A_ϕ, A_z로 변환하는 것이다. 다만 두 좌표계에서 단위벡터 $\vec{a}_z$와 성분 A_z는 동일하므로 변환할 필요가 없다. 어떤 벡터 $\vec{A}$의 특정방향 성분을 구할 때는 그 벡터와 특정방향의 단위벡터를 내적하면 되므로 성분 A_ρ, A_ϕ, A_z를 다음과 같이 구할 수 있다.

$$\begin{aligned} A_\rho &= \vec{A} \cdot \vec{a}_\rho \\ &= (A_x\vec{a}_x + A_y\vec{a}_y + A_z\vec{a}_z) \cdot \vec{a}_\rho \end{aligned} \tag{7-33}$$

$$\begin{aligned} A_\phi &= \vec{A} \cdot \vec{a}_\phi \\ &= (A_x\vec{a}_x + A_y\vec{a}_y + A_z\vec{a}_z) \cdot \vec{a}_\phi \end{aligned} \tag{7-34}$$

A_ρ, A_ϕ를 나타내는 위의 두 식에서 단위벡터 간의 내적의 결과를 알아야 A_ρ, A_ϕ의 최종 결과 식을 얻을 수 있다. 직각좌표계의 x, y, z와 원통좌표계의 ρ, ϕ, z와의 관계를 나타내는 그림을 보면 다음의 관계가 성립함을 알 수 있다.

$$\vec{a}_x \cdot \vec{a}_\rho = \cos\phi \qquad (7\text{-}35)$$

$$\vec{a}_y \cdot \vec{a}_\rho = \sin\phi \qquad (7\text{-}36)$$

$$\vec{a}_x \cdot \vec{a}_\phi = -\sin\phi \qquad (7\text{-}37)$$

$$\vec{a}_y \cdot \vec{a}_\phi = \cos\phi \qquad (7\text{-}38)$$

따라서 최종적으로 직각좌표계의 벡터 $\vec{A}$는 원통좌표계의 벡터로 다음과 같이 변환된다.

$$\vec{A} = (A_x\cos\phi + A_y\sin\phi)\vec{a}_\rho + (-A_x\sin\phi + A_y\cos\phi)\vec{a}_\phi + A_z\vec{a}_z \qquad (7\text{-}39)$$

역으로 원통좌표계의 벡터를 직각좌표계의 벡터로 동일한 방법을 사용하여 변환할 수 있다. 다음 표에 직각좌표계와 원통좌표계의 상호 변환 관계를 나타낸다.

표 7.1 직각좌표계와 원통좌표계 사이의 변환 관계

	직각좌표계 → 원통좌표계	원통좌표계 → 직각좌표계
변수 변환	$x = \rho\cos\phi$	$\rho = \sqrt{x^2+y^2}$
	$y = \rho\sin\phi$	$\phi = \tan^{-1}\dfrac{y}{x}$
	$z = z$	$z = z$
성분 변환	$A_\rho = A_x\cos\phi + A_y\sin\phi$	$A_x = A_\rho\dfrac{x}{\sqrt{x^2+y^2}} - A_\phi\dfrac{y}{\sqrt{x^2+y^2}}$
	$A_\phi = -A_x\sin\phi + A_y\cos\phi$	$A_y = A_\rho\dfrac{y}{\sqrt{x^2+y^2}} + A_\phi\dfrac{x}{\sqrt{x^2+y^2}}$
	$A_z = A_z$	$A_z = A_z$

예제

직각좌표계의 벡터 $\vec{A} = y\vec{a}_x - x\vec{a}_y + z\vec{a}_z$를 원통좌표계의 벡터로 변환하시오.

풀이 원통좌표계로 표시되는 벡터는 $\vec{A} = A_\rho\vec{a}_\rho + A_\phi\vec{a}_\phi + A_z\vec{a}_z$이다.

$$A_\rho = \vec{A}\cdot\vec{a}_\rho = (y\vec{a}_x - x\vec{a}_y + z\vec{a}_z)\cdot\vec{a}_\rho$$

$$= \rho\sin\phi\cos\phi - \rho\cos\phi\sin\phi = 0$$

$$A_\phi = \vec{A}\cdot\vec{a}_\phi = (y\vec{a}_x - x\vec{a}_y + z\vec{a}_z)\cdot\vec{a}_\phi$$

$$= -\rho(\sin^2\phi + \cos^2\phi) = -\rho$$

$$A_z = z$$

따라서 $\vec{A} = -\rho\vec{a}_\phi + z\vec{a}_z$

7.4.2 직각좌표계 벡터와 구좌표계 벡터 변환

직각좌표계를 원통좌표계로, 원통좌표계를 구좌표계로 변환한 것과 같은 방법으로 직각좌표계의 벡터와 구좌표계의 벡터를 상호 변환할 수 있다. 구좌표계에서 구면상의 한 점 P는 r, θ, ϕ를 이용하여 나타내어지고, 그림을 참고하면 다음과 같이 변수변환이 됨을 알 수 있다.

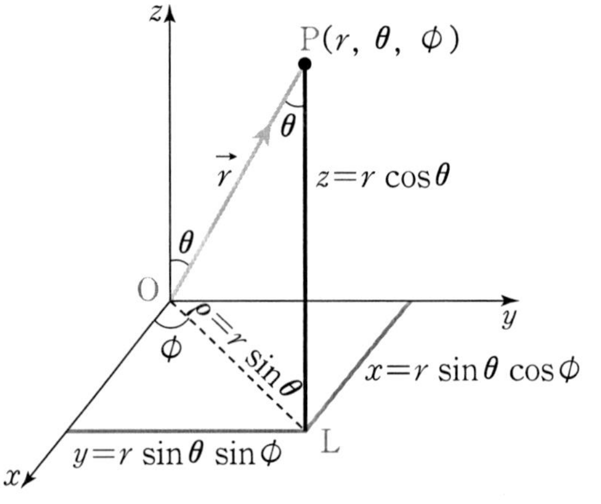

그림 7.5 직각좌표계의 x, y, z와 원통좌표계의 r, θ, ϕ와의 관계

x, y, z를 r, θ, ϕ의 함수로 표시: $x = r\sin\theta\cos\phi$, $y = r\sin\theta\sin\phi$, $z = r\cos\theta$

r, θ, ϕ를 x, y, z의 함수로 표시: $r^2 = x^2 + y^2 + z^2$, $\cos\theta = \dfrac{z}{\sqrt{x^2+y^2+z^2}}$,

$$\tan\phi = \frac{y}{x}$$

그리고 직각좌표계로 표시한 벡터의 성분 A_x, A_y, A_z를 구좌표계로 표시한 벡터의 성분 A_r, A_θ, A_ϕ로 변환한다. 어떤 벡터 $\vec{A}$의 특정방향 성분을 구할 때는 그 벡터와 특정방향의 단위벡터를 내적하면 된다는 것을 앞에서 설명하였다. 따라서 성분 A_r, A_θ, A_ϕ를 다음과 같이 구할 수 있다.

$$\begin{aligned} A_r &= \vec{A} \cdot \vec{a_r} \\ &= (A_x\vec{a_x} + A_y\vec{a_y} + A_z\vec{a_z}) \cdot \vec{a_r} \\ &= A_x \sin\theta\cos\phi + A_y \cos\phi + A_y \sin\theta\sin\phi + A_z\cos\theta \end{aligned} \tag{7-40}$$

$$\begin{aligned} A_\theta &= \vec{A} \cdot \vec{a_\theta} \\ &= (A_x\vec{a_x} + A_y\vec{a_y} + A_z\vec{a_z}) \cdot \vec{a_\theta} \\ &= A_x \cos\theta\cos\phi + A_y \cos\theta\sin\phi - A_z\sin\theta \end{aligned} \tag{7-41}$$

$$\begin{aligned} A_\phi &= \vec{A} \cdot \vec{a_\phi} \\ &= (A_x\vec{a_x} + A_y\vec{a_y} + A_z\vec{a_z}) \cdot \vec{a_\phi} \\ &= -A_x \sin\phi + A_y \cos\phi \end{aligned} \tag{7-42}$$

위에서 구좌표계의 성분 A_r, A_θ, A_ϕ을 구하기 위해 단위벡터를 내적한다. 직각좌표계의 x, y, z와 원통좌표계의 r, θ, ϕ와의 관계를 나타내는 그림을 보면 다음의 결과가 됨을 알 수 있다.

$$\begin{aligned} \vec{a_x} \cdot \vec{a_r} &= \vec{a_r} \cdot \vec{a_x} = \sin\theta\cos\phi \\ \vec{a_y} \cdot \vec{a_r} &= \vec{a_r} \cdot \vec{a_y} = \sin\theta\sin\phi \\ \vec{a_z} \cdot \vec{a_r} &= \vec{a_r} \cdot \vec{a_z} = \cos\theta \end{aligned}$$

$$\begin{aligned} \vec{a_x} \cdot \vec{a_\theta} &= \vec{a_\theta} \cdot \vec{a_x} = \cos\theta\cos\phi \\ \vec{a_y} \cdot \vec{a_\theta} &= \vec{a_\theta} \cdot \vec{a_y} = \cos\theta\sin\phi \\ \vec{a_z} \cdot \vec{a_\theta} &= \vec{a_\theta} \cdot \vec{a_z} = -\sin\theta \end{aligned}$$

$$\vec{a}_x \cdot \vec{a}_\phi = \vec{a}_\phi \cdot \vec{a}_x = -\sin\phi$$
$$\vec{a}_y \cdot \vec{a}_\phi = \vec{a}_\phi \cdot \vec{a}_y = \cos\phi$$
$$\vec{a}_z \cdot \vec{a}_\phi = \vec{a}_\phi \cdot \vec{a}_z = 0$$

역으로 구좌표계의 벡터를 직각좌표계의 벡터로 동일한 방법을 사용하여 변환할 수 있다. 다음 표에 직각좌표계와 구좌표계의 상호 변환 관계를 나타낸다.

표 7.2 직각좌표계와 구좌표계 사이의 변환 관계

	직각좌표계 → 구좌표계	구좌표계 → 직각좌표계
변수 변환	$x = r\sin\theta\cos\phi$	$r = \sqrt{x^2+y^2+z^2}$
	$y = r\sin\theta\sin\phi$	$\theta = \frac{z}{\sqrt{x^2+y^2+z^2}}$
	$z = r\cos\theta$	$\phi = \tan^{-1}\frac{y}{x}$
성분 변환	$A_r = A_x\sin\theta\cos\phi + A_y\cos\phi + A_y\sin\theta\sin\phi + A_z\cos\theta$	$A_x = \frac{A_r x}{\sqrt{x^2+y^2+z^2}} + \frac{A_\theta xz}{(\sqrt{(x^2+y^2)(x^2+y^2+z^2})} - \frac{A_\phi y}{\sqrt{x^2+y^2}}$
	$A_\theta = A_x\cos\theta\cos\phi + A_y\cos\theta\sin\phi - A_z\sin\theta$	$A_y = \frac{A_r y}{\sqrt{x^2+y^2+z^2}} + \frac{A_\phi yz}{\sqrt{(x^2+y^2)(x^2+y^2+z^2)}} + \frac{A_\phi x}{\sqrt{x^2+y^2}}$
	$A_\phi = -A_x\sin\phi + A_y\cos\phi$	$A_z = \frac{A_r z}{\sqrt{x^2+y^2+z^2}} - \frac{A_\theta\sqrt{x^2+y^2}}{(\sqrt{x^2+y^2+z^2}}$

예제

직각좌표계로 표시되는 벡터 $\overrightarrow{A} = \dfrac{xz}{y}\overrightarrow{a_x}$를 구좌표계로 변환하여라.

풀이 구좌표계로 표시되는 벡터는 $\overrightarrow{A} = A_r\overrightarrow{a_r} + A_\theta\overrightarrow{a_\theta} + A_\phi\overrightarrow{a_\phi}$이다.

성분 A_r, A_θ, A_ϕ를 구한 후 각 성분 내의 변수를 변환한다.

$$A_r = \overrightarrow{A}\cdot\overrightarrow{a_r} = \frac{xy}{y}\overrightarrow{a_x}\cdot\overrightarrow{a_r} = r\sin\theta\cos\theta\frac{\cos^2\phi}{\sin\phi}$$

$$A_\theta = \overrightarrow{A}\cdot\overrightarrow{a_\theta} = \frac{xy}{y}\overrightarrow{a_x}\cdot\overrightarrow{a_\theta} = r\cos^2\theta\frac{\cos^2\phi}{\sin\phi}$$

$$A_\phi = \overrightarrow{A}\cdot\overrightarrow{a_\phi} = \frac{xy}{y}\overrightarrow{a_x}\cdot\overrightarrow{a_\phi} = -r\cos\theta\cos\phi$$

따라서 구좌표로 변환한 벡터 $\overrightarrow{A}$는

$$\overrightarrow{A} = A_r\overrightarrow{a_r} + A_\theta\overrightarrow{a_\theta} + A_\phi\overrightarrow{a_\phi}$$
$$= r\cos\theta\cos\phi(\sin\theta\cot\phi\overrightarrow{a_r} + \cos\theta\cot\phi\overrightarrow{a_\theta} - \overrightarrow{a_\phi})$$

7.5 좌표계와 경도, 발산, 회전 그리고 라플라시안

발산(Divergence), **경도**(Gradient), **회전**(Curl) 그리고 **라플라시안**(Laplacian) 등은 공학에서 빈번하게 사용되는 벡터 연산이다. 직각좌표계에서의 발산, 경도, 회전 그리고 라플라시안에 대해서는 앞에서 설명하였다. 직각좌표계 외에 원통좌표계, 구좌표계에서 이러한 연산을 어떻게 해야 하는지 알고 있어야 한다.

7.5.1 좌표계별 경도, 발산, 회전 그리고 라플라시안

1) 직각좌표계에서의 경도, 발산, 회전, 라플라시안

공간상의 한 점이 $\mathrm{P}(x, y, z)$로 정해지는 직각좌표계에서 미소 부피(體積素, 체적소)는 $dv = dxdydz$이다. 미소체적소에 대한 미소 경로길이(변위) 벡터는 $\vec{dr} = dx\,\vec{a}_x + dy\,\vec{a}_y + dz\,\vec{a}_z$이고 각 방향으로의 성분은 dx, dy, dz이다. **직각좌표계에서의 경도, 발산, 회전, 라플라시안**을 다음에 기술한다.

스칼라함수 f에 대한 **직각좌표계에서의 경도(Gradient)**는

$$grad\,f = \nabla f = \frac{\partial f}{\partial x}\vec{a}_x + \frac{\partial f}{\partial y}\vec{a}_y + \frac{\partial f}{\partial z}\vec{a}_z \tag{7-43}$$

벡터함수 $\vec{A} = A_x\vec{a}_x + A_y\vec{a}_y + A_z\vec{a}_z$에 대한 **직각좌표계에서의 발산**(Divergence)은

$$div\,\vec{A} = \nabla \cdot \vec{A} = \frac{\partial A_x}{\partial x} + \frac{\partial A_y}{\partial y} + \frac{\partial A_z}{\partial z} \tag{7-44}$$

벡터함수 $\vec{A} = A_x\vec{a_x} + A_y\vec{a_y} + A_z\vec{a_z}$에 대한 **직각좌표계에서의 회전**은

$$curl\,\vec{A} = \nabla \times \vec{A} = \begin{vmatrix} \vec{a_x} & \vec{a_y} & \vec{a_z} \\ \frac{\partial}{\partial x} & \frac{\partial}{\partial y} & \frac{\partial}{\partial z} \\ A_x & A_y & A_z \end{vmatrix}$$

$$= (\frac{\partial A_z}{\partial y} - \frac{\partial A_y}{\partial z})\vec{a_x} + (\frac{\partial A_x}{\partial z} - \frac{\partial A_z}{\partial x})\vec{a_y} + (\frac{\partial A_y}{\partial x} - \frac{\partial A_x}{\partial y})\vec{a_z} \tag{7-45}$$

스칼라함수 f에 대한 **직각좌표계에서의 라플라시안**(Laplacian)은

$$\nabla^2 f = (\frac{\partial^2 f}{\partial x^2} + \frac{\partial^2 f}{\partial y^2} + \frac{\partial^2 f}{\partial z^2}) \tag{7-46}$$

로 각각 표시된다.

2) 원통좌표계에서의 경도, 발산, 회전, 라플라시안

원통좌표계에서는 공간상의 한 점이 P$(\rho,\ \phi,\ z)$로 정해지고, 미소 부피(體積素, 체적소)는 $dv = (d\rho)(\rho d\phi)(dz) = \rho d\rho d\phi dz$이다. 미소체적소에 대한 미소 경로길이(線素, 선소) 벡터는 $\vec{dl} = d\rho\vec{a_\rho} + \rho d\phi\vec{a_\phi} + dz\vec{a_z}$이고 각 방향($\vec{a_\rho}$, $\vec{a_\phi}$, $\vec{a_z}$)으로의 성분은 $d\rho$, $\rho d\phi$, dz이다. **원통좌표계에서의 경도, 발산, 회전, 라플라시안**을 다음에 기술한다.

스칼라 함수 f에 대한 **원통좌표계에서의 경도**(Gradient)는

$$grad f = \nabla f = \frac{\partial f}{\partial \rho}\vec{a}_\rho + \frac{1}{\rho}\frac{\partial f}{\partial \phi}\vec{a}_\phi + \frac{\partial f}{\partial z}\vec{a}_z \tag{7-47}$$

벡터함수 $\vec{A} = A_\rho \vec{a}_\rho + A_\phi \vec{a}_\phi + A_z \vec{a}_z$에 대한 **원통좌표계에서의 발산**(Divergence)은

$$div\,\vec{A} = \nabla \cdot \vec{A} = \frac{1}{\rho}\frac{\partial}{\partial \rho}(\rho A_\rho) + \frac{1}{\rho}\frac{\partial A_\phi}{\partial \phi} + \frac{\partial A_z}{\partial z} \tag{7-48}$$

벡터함수 $\vec{A} = A_\rho \vec{a}_\rho + A_\phi \vec{a}_\phi + A_z \vec{a}_z$에 대한 **원통좌표계에서의 회전**(Curl, Rotation)은

$$curl\,\vec{A} = \nabla \times \vec{A} = \frac{1}{\rho}\begin{vmatrix} \vec{a}_\rho & \vec{a}_\phi & \vec{a}_z \\ \frac{\partial}{\partial \rho} & \frac{\partial}{\partial \phi} & \frac{\partial}{\partial z} \\ A_\rho & A_\phi & A_z \end{vmatrix}$$

$$= \left(\frac{1}{\rho}\frac{\partial A_z}{\partial \phi} - \frac{\partial A_\phi}{\partial z}\right)\vec{a}_\rho + \left(\frac{\partial A_\rho}{\partial z} - \frac{\partial A_z}{\partial \rho}\right)\vec{a}_\phi$$

$$+ \frac{1}{\rho}\left[\frac{\partial}{\partial \rho}(\rho A_\phi) - \frac{\partial A_\rho}{\partial \phi}\right]\vec{a}_z \tag{7-49}$$

스칼라함수 f에 대한 **원통좌표계에서의 라플라시안(Laplacian)**은

$$\nabla^2 f = \frac{1}{\rho}\frac{\partial}{\partial \rho}(\rho\frac{\partial f}{\partial \rho}) + \frac{1}{\rho^2}\frac{\partial^2 f}{\partial \phi^2} + \frac{\partial^2 f}{\partial z^2} \tag{7-50}$$

로 각각 표시된다.

3) 구좌표계에서의 경도, 발산, 회전, 라플라시안

구좌표계에서는 공간상의 한 점이 $\mathrm{P}(r, \theta, \phi)$로 정해지고, 미소 부피(體積素, 체적소)는 $dv = (dr)(rd\theta)(rsin\theta d\phi) = r^2 \sin\theta\, dr\, d\theta\, d\phi$로 표시된다. 미소체적소에 대한 미소 경로길이(線素, 선소) 벡터는 $\overrightarrow{dl} = dr\overrightarrow{a_r} + rd\theta\overrightarrow{a_\theta} + rsin\theta d\phi\overrightarrow{a_\phi}$이고 각 방향으로의 성분은 dr, $rd\theta$, $rsin\theta d\phi$ 이다.

스칼라 함수 f에 대한 **구좌표계에서의 경도(Gradient)**는

$$grad f = \nabla f = \frac{\partial f}{\partial r}\overrightarrow{a_r} + \frac{1}{r}\frac{\partial f}{\partial \theta}\overrightarrow{a_\theta} + \frac{1}{r\sin\theta}\frac{\partial f}{\partial \phi}\overrightarrow{a_\phi} \tag{7-51}$$

벡터함수 $\overrightarrow{A} = A_r\overrightarrow{a_r} + A_\theta\overrightarrow{a_\theta} + A_\phi\overrightarrow{a_\phi}$에 대한 **구좌표계에서의 발산(Divergence)**은

$$div\overrightarrow{A} = \nabla \cdot \overrightarrow{A} = \frac{1}{r^2}\frac{\partial}{\partial \rho}(r^2 A_r) + \frac{1}{r\sin\theta}\frac{\partial}{\partial \theta}(A_\theta \sin\theta) + \frac{1}{r\sin\theta}\frac{\partial A_\phi}{\partial \phi} \tag{7-52}$$

벡터함수 $\vec{A} = A_r \vec{a_r} + A_\theta \vec{a_\theta} + A_\phi \vec{a_\phi}$ 에 대한 **구좌표계에서의 회전**(Curl, Rotation)은

$$curl\,\vec{A} = \nabla \times \vec{A} = \frac{1}{r^2 \sin\theta} \begin{vmatrix} \vec{a_r} & r\vec{a_\theta} & rsin\theta\,\vec{a_\phi} \\ \frac{\partial}{\partial r} & \frac{\partial}{\partial \theta} & \frac{\partial}{\partial \phi} \\ A_r & rA_\theta & rsin\theta\,A_\phi \end{vmatrix}$$

$$= \frac{1}{r\sin\theta}\left[\frac{\partial}{\partial\theta}(A_\phi \sin\theta) - \frac{\partial A_\theta}{\partial\phi}\right]\vec{a_r}$$

$$+ \frac{1}{r}\left[\frac{1}{r\sin\theta}\frac{\partial A_r}{\partial\phi} - \frac{\partial}{\partial r}(rA_\phi)\right]\vec{a_\theta}$$

$$+ \frac{1}{r}\left[\frac{\partial}{\partial r}(rA_\theta) - \frac{\partial A_r}{\partial\theta}\right]\vec{a_\phi} \qquad (7\text{-}53)$$

스칼라 함수 f에 대한 **구좌표계에서의 라플라시안**(Laplacian)은

$$\nabla^2 f = \frac{1}{r^2}\frac{\partial}{\partial r}(r^2\frac{\partial f}{\partial r}) + \frac{1}{r^2\sin\theta}\frac{\partial}{\partial\theta}(\sin\theta\frac{\partial f}{\partial\theta}) + \frac{1}{r^2\sin^2\theta}\frac{\partial^2 f}{\partial\phi^2} \qquad (7\text{-}54)$$

로 각각 표시된다.

7.5.2 경도, 발산, 회전, 라플라시안 모음

앞 절에서 좌표계별로 경도, 발산, 회전, 라플라시안을 정리하여 제시하였다. 여기서는 학습과 활용을 위하여 이와 같은 벡터 연산을 기준으로 이것들을 묶어 다시 정리한다.

1) **경도**(Gradient)

직각좌표계에서 스칼라 함수 f에 대한 **경도(Gradient)는**

$$grad f = \nabla f = \frac{\partial f}{\partial x}\vec{a}_x + \frac{\partial f}{\partial y}\vec{a}_y + \frac{\partial f}{\partial z}\vec{a}_z \tag{7-55}$$

원통좌표계에서 스칼라 함수 f에 대한 **경도(Gradient)는**

$$grad f = \nabla f = \frac{\partial f}{\partial \rho}\vec{a}_\rho + \frac{1}{\rho}\frac{\partial f}{\partial \phi}\vec{a}_\phi + \frac{\partial f}{\partial z}\vec{a}_z \tag{7-56}$$

구좌표계에서 스칼라 함수 f에 대한 **경도(Gradient)는**

$$grad f = \nabla f = \frac{\partial f}{\partial r}\vec{a}_r + \frac{1}{r}\frac{\partial f}{\partial \theta}\vec{a}_\theta + \frac{1}{r\sin\theta}\frac{\partial f}{\partial \phi}\vec{a}_\phi \tag{7-57}$$

이다.

2) 발산(Divergence)

직각좌표계에서 벡터함수 $\vec{A} = A_x \vec{a_x} + A_y \vec{a_y} + A_z \vec{a_z}$ 에 대한 **발산** (Divergence)은

$$div\,\vec{A} = \nabla \cdot \vec{A} = \frac{\partial A_x}{\partial x} + \frac{\partial A_y}{\partial y} + \frac{\partial A_z}{\partial z} \qquad (7\text{-}58)$$

원통좌표계에서 벡터함수 $\vec{A} = A_\rho \vec{a_\rho} + A_\phi \vec{a_\phi} + A_z \vec{a_z}$ 에 대한 **발산** (Divergence)은

$$div\,\vec{A} = \nabla \cdot \vec{A} = \frac{1}{\rho}\frac{\partial}{\partial \rho}(\rho A_\rho) + \frac{1}{\rho}\frac{\partial A_\phi}{\partial \phi} + \frac{\partial A_z}{\partial z} \qquad (7\text{-}59)$$

구좌표계에서 벡터함수 $\vec{A} = A_r \vec{a_r} + A_\theta \vec{a_\theta} + A_\phi \vec{a_\phi}$ 에 대한 **발산** (Divergence)은

$$div\,\vec{A} = \nabla \cdot \vec{A} = \frac{1}{r^2}\frac{\partial}{\partial \rho}(r^2 A_r) + \frac{1}{r\sin\theta}\frac{\partial}{\partial \theta}(A_\theta \sin\theta) + \frac{1}{r\sin\theta}\frac{\partial A_\phi}{\partial \phi} \qquad (7\text{-}60)$$

이다.

3) 회전(Curl, Rotation)

직각좌표계에서 벡터함수 $\vec{A}=A_x\vec{a_x}+A_y\vec{a_y}+A_z\vec{a_z}$ 에 대한 **회전(Curl, Rotation)**은

$$curl\,\vec{A}=\nabla\times\vec{A}=\begin{vmatrix}\vec{a_x} & \vec{a_y} & \vec{a_z}\\ \frac{\partial}{\partial x} & \frac{\partial}{\partial y} & \frac{\partial}{\partial z}\\ A_x & A_y & A_z\end{vmatrix}$$

$$=\left(\frac{\partial A_z}{\partial y}-\frac{\partial A_y}{\partial z}\right)\vec{a_x}+\left(\frac{\partial A_x}{\partial z}-\frac{\partial A_z}{\partial x}\right)\vec{a_y}+\left(\frac{\partial A_y}{\partial x}-\frac{\partial A_x}{\partial y}\right)\vec{a_z} \qquad (7\text{-}61)$$

원통좌표계에서 벡터함수 $\vec{A}=A_\rho\vec{a_\rho}+A_\phi\vec{a_\phi}+A_z\vec{a_z}$ 에 대한 **회전(Curl, Rotation)**은

$$curl\,\vec{A}=\nabla\times\vec{A}=\frac{1}{\rho}\begin{vmatrix}\vec{a_\rho} & \vec{a_\phi} & \vec{a_z}\\ \frac{\partial}{\partial \rho} & \frac{\partial}{\partial \phi} & \frac{\partial}{\partial z}\\ A_\rho & A_\phi & A_z\end{vmatrix}$$

$$=\left(\frac{1}{\rho}\frac{\partial A_z}{\partial \phi}-\frac{\partial A_\phi}{\partial z}\right)\vec{a_\rho}+\left(\frac{\partial A_\rho}{\partial z}-\frac{\partial A_z}{\partial \rho}\right)\vec{a_\phi}$$

$$+\frac{1}{\rho}\left[\frac{\partial}{\partial \rho}(\rho A_\phi)-\frac{\partial A_\rho}{\partial \phi}\right]\vec{a_z} \qquad (7\text{-}62)$$

구좌표계에서 벡터함수 $\overrightarrow{A}= A_r\overrightarrow{a_r}+A_\theta\overrightarrow{a_\theta}+A_\phi\overrightarrow{a_\phi}$에 대한 **회전**(Curl, Rotation)은

$$curl\overrightarrow{A}=\nabla\times\overrightarrow{A}$$

$$=\frac{1}{r^2\sin\theta}\begin{vmatrix}\overrightarrow{a_r} & r\overrightarrow{a_\theta} & rsin\theta\overrightarrow{a_\phi}\\ \frac{\partial}{\partial r} & \frac{\partial}{\partial\theta} & \frac{\partial}{\partial\phi}\\ A_r & rA_\theta & rsin\theta A_\phi\end{vmatrix}$$

$$=\frac{1}{r\sin\theta}\left[\frac{\partial}{\partial\theta}(A_\phi\sin\theta)-\frac{\partial A_\theta}{\partial\phi}\right]\overrightarrow{a_r}$$

$$+\frac{1}{r}\left[\frac{1}{r\sin\theta}\frac{\partial A_r}{\partial\phi}-\frac{\partial}{\partial r}(rA_\phi)\right]\overrightarrow{a_\theta}$$

$$+\frac{1}{r}\left[\frac{\partial}{\partial r}(rA_\theta)-\frac{\partial A_r}{\partial\theta}\right]\overrightarrow{a_\phi} \qquad (7\text{-}63)$$

이다.

4) 라플라시안(Laplacian)

라플라시안은 스칼라함수 f에 대한 경도의 발산 $div(\nabla f)=\nabla\cdot\nabla f=\nabla^2 f$이다.

직각좌표계에서 스칼라함수 f에 대한 **라플라시안**(Laplacian)은

$$\nabla^2 f=(\frac{\partial^2}{\partial x^2}+\frac{\partial^2}{\partial y^2}+\frac{\partial^2}{\partial z^2})f=(\frac{\partial^2 f}{\partial x^2}+\frac{\partial^2 f}{\partial y^2}+\frac{\partial^2 f}{\partial z^2}) \qquad (7\text{-}64)$$

원통좌표계에서 스칼라함수 f에 대한 **라플라시안(Laplacian)**은

$$\nabla^2 f = \frac{1}{\rho}\frac{\partial}{\partial \rho}(\rho\frac{\partial f}{\partial \rho}) + \frac{1}{\rho^2}\frac{\partial^2 f}{\partial \phi^2} + \frac{\partial^2 f}{\partial z^2} \tag{7-65}$$

구좌표계에서 스칼라함수 f에 대한 **라플라시안(Laplacian)**은

$$\nabla^2 f = \frac{1}{r^2}\frac{\partial}{\partial r}(r^2\frac{\partial f}{\partial r}) + \frac{1}{r^2 \sin\theta}\frac{\partial}{\partial \theta}(\sin\theta\frac{\partial f}{\partial \theta}) + \frac{1}{r^2\sin^2\theta}\frac{\partial^2 f}{\partial \phi^2} \tag{7-66}$$

이다.

연습문제

01 세 방향의 힘을 나타내는 벡터 $\vec{F_1} = 3\vec{i} - 2\vec{j} + \vec{k}$, $\vec{F_2} = 2\vec{i} - 4\vec{j} - 3\vec{k}$, $\vec{F_3} = -\vec{i} + 2\vec{j} + 2\vec{k}$가 있을 때 세 벡터의 합력의 크기를 구하시오.

02 두 개의 힘 벡터 $\vec{f_1} = 2\vec{i} + 4\vec{j} - 5\vec{k}$, $\vec{f_2} = \vec{i} + 2\vec{j} + 3\vec{k}$의 합력에 평행한 단위벡터 $\vec{u}$를 구하시오.

03 세 개의 벡터 $\vec{A} = \vec{a_x} + 3\vec{a_y} + 2\vec{a_z}$, $\vec{B} = -\vec{a_y} + 4\vec{a_z}$, $\vec{C} = 3\vec{a_x} - 4\vec{a_y} - \vec{a_z}$일 때 $-\vec{A} \cdot (2\vec{C} - \vec{B})$ 의 값을 구하시오.

04 직교좌표로 표시되는 공간상에서 시점(tail)이 $P(x_1, y_1, z_1)$, 종점(head)이 $Q(x_2, y_2, z_2)$인 벡터 $\overrightarrow{PQ}$ 를 구하시오.

05 벡터 $\vec{A_1} = A_1\vec{i} + A_2\vec{j} + A_3\vec{k}$ 의 크기는 $A = \sqrt{A_1^2 + A_2^2 + A_3^2}$ 이 됨을 증명하여라.

06 두 벡터 $\vec{A} = 2\vec{a_x} - 3\vec{a_y} + \vec{a_z}$와 $\vec{B} = -\vec{a_x} + 2\vec{a_y} + 4\vec{a_z}$가 있다. 벡터 $\vec{C}$는 벡터 $\vec{A}$와 벡터 $\vec{B}$에 수직이고 크기가 10이라고 할 때 벡터 $\vec{C}$를 구하시오.

07 두 벡터 $\vec{A}=\vec{a}_x+2\vec{a}_y-3\vec{a}_z$와 $\vec{B}=2\vec{a}_x-\vec{a}_y+\vec{a}_z$가 있을 때 다음을 구하시오.

1) $\vec{A}$ 위로의 $\vec{B}$의 사영

2) $\vec{A}$와 $\vec{B}$ 사잇각

3) $\vec{A}$와 $\vec{B}$를 포함하는 평면에 수직인 방향으로의 단위벡터 $\vec{U}$

08 두 개의 벡터 $\vec{f}_1=2\vec{i}+a\vec{j}+\vec{k}$, $\vec{f}_2=4\vec{i}-2\vec{j}-2\vec{k}$가 서로 수직이 되기 위한 상수 a를 정하시오.

09 벡터 $\vec{B}=4\vec{i}-4\vec{j}+7\vec{k}$ 위로의 벡터 $\vec{A}=\vec{i}-2\vec{j}+\vec{k}$의 정사영 값을 구하시오.

10 두 개의 벡터 $\vec{A}=4\vec{i}-5\vec{j}-\vec{k}$, $\vec{B}=\vec{i}+2\vec{j}+3\vec{k}$에 대한 내적을 구하고 의미를 설명하시오.

11 두 개의 벡터 $\vec{A}=2\vec{i}+4\vec{j}+6\vec{k}$, $\vec{B}=\vec{i}-3\vec{j}+2\vec{k}$가 이루는 각 θ를 구하시오.

12 두 개의 벡터 $\vec{A}=4\vec{i}+2\vec{j}$, $\vec{B}=3\vec{j}-\vec{k}$가 주어졌을 때 내적을 구하고, 두 벡터 사이의 $\cos\theta$ 값을 구하시오.

13 두 개의 벡터 $\vec{A}=2\vec{i}-3\vec{j}-\vec{k}$, $\vec{B}=\vec{i}+4\vec{j}-2\vec{k}$에 대한 외적 $\vec{A}\times\vec{B}$와 $\vec{B}\times\vec{A}$를 구하시오.

14 직교좌표계에서 두 개의 벡터 $\vec{A}=\vec{i}-2\vec{j}+2\vec{k}$, $\vec{B}=-2\vec{i}+\vec{j}+3\vec{k}$에 대한 외적 $\vec{A}\times\vec{B}$를 구하시오.

15 세 개의 벡터 $\vec{A}=2\vec{i}+\vec{j}-3\vec{k}$, $\vec{B}=\vec{i}-2\vec{j}+\vec{k}$, $\vec{C}=-\vec{i}+\vec{j}-4\vec{k}$일 때 다음 값을 구하시오.

1) $\vec{A}\cdot(\vec{B}\times\vec{C})$

2) $\vec{A}\times(\vec{B}\times\vec{C})$

3) $(\vec{A}\times\vec{B})\times\vec{C}$

16 변 $\vec{A}=2\vec{i}-6\vec{j}-3\vec{k}$, $\vec{B}=4\vec{i}+3\vec{j}-\vec{k}$로 구성되는 평행사변형 평면에 수직인 단위벡터 $\vec{u}$를 구하시오.

17 삼각형의 세 정점 P(1, 3, 2), Q(2, −1, 1), R(−1, 2, 3)이 반시계 방향으로 있을 때 삼각형의 면적 A를 외적 연산을 하여 구하시오.

18 두 벡터 $\vec{A}=ae^{u}\vec{i}+bu\,\vec{j}-u^2\vec{k}$, $\vec{B}=e^{-u}\vec{i}+bu\,\vec{k}$의 외적을 구하시오.

19 직각좌표계로 표시되는 두 개의 벡터 $\vec{A}=2\vec{i}+\vec{j}+\vec{k}$, $\vec{B}=\vec{i}+\vec{j}+2\vec{k}$ 모두에 직교하는 단위벡터 $\vec{u}$를 구하시오.

20 세 개의 벡터 $\vec{A}=3\vec{a}_x-\vec{a}_y-2\vec{a}_z$, $\vec{B}=2\vec{a}_x-3\vec{a}_y+\vec{a}_z$일 때 $|(\vec{A}+\vec{B})\times(\vec{A}-\vec{B})|$의 값을 구하시오.

21 두 벡터 $\vec{A}=2\vec{a}_x-6\vec{a}_y-3\vec{a}_z$, $\vec{B}=4\vec{a}_x+3\vec{a}_y-\vec{a}_z$에 수직한 단위벡터를 구하시오.

22 세 개의 벡터 $\vec{A}=2\vec{i}+3\vec{j}-\vec{k}$, $\vec{B}=\vec{i}-2\vec{j}+3\vec{k}$, $\vec{C}=5\vec{i}-\vec{j}$에 대한 스칼라 삼중적 $\vec{A}\cdot\vec{B}\times\vec{C}$를 구하시오.

23 다음과 같은 세 개의 벡터를 세 변으로 하는 4면체의 체적을 구하시오.

$\vec{A}=\vec{i}+2\vec{k}$, $\vec{B}=4\vec{i}+6\vec{j}+2\vec{k}$, $\vec{C}=3\vec{i}+3\vec{j}-6\vec{k}$

24 세 개의 벡터 $\vec{A}=\vec{a}_x+2\vec{a}_y+3\vec{a}_z$, $\vec{B}=2\vec{a}_x+3\vec{a}_y+\vec{a}_z$, $\vec{C}=3\vec{a}_x+\vec{a}_y+2\vec{a}_z$일 때 $(\vec{A}\ \vec{B}\ \vec{C})$의 값을 구하시오.

25 스칼라 삼중적 $\vec{A}\cdot\vec{B}\times\vec{C}$가 의미하는 것은 무엇인가?

26 움직이는 물체의 위치를 나타내는 벡터가 $\vec{r}(s)=\cos 2s\,\vec{i}+\sin 2s\,\vec{j}+e^{-3s}\vec{k}$, $s=t^3$이라고 할 때 $\dfrac{d\vec{r}}{dt}$를 구하시오.

27 시간 t의 함수로 표시되는 벡터 $\vec{r}(t)=a\cos\omega t\,\vec{i}+a\sin\omega t\,\vec{j}+0\,\vec{k}$에 대하여 $\dfrac{d\vec{r}}{dt}$와 $\dfrac{d^2\vec{r}}{dt^2}$를 구하시오.

28 $\vec{A}=\sin t\,\vec{i}-\cos t\,\vec{j}$일 때 $\dfrac{d}{dt}(\vec{A}\cdot\vec{A})$를 구하여라.

29 $\vec{A} = ae^u \vec{i} + bu\vec{j} - u^2\vec{k}$일 때 $\dfrac{d\vec{A}}{du}$, $\dfrac{d^2\vec{A}}{du^2}$를 구하시오.

30 두 벡터 $\vec{A} = ae^u\vec{i} + bu\vec{j} - u^2\vec{k}$, $\vec{B} = e^{-u}\vec{i} + bu\vec{k}$의 외적에 대한 미분, $\dfrac{d(\vec{A}\times\vec{B})}{du}$을 구하시오.

31 $f(x,y,z) = 3x^2y - y^3z^2$일 때 공간상의 특정한 점 (1, -2, -1)에서의 ∇f는 얼마인가?

32 $f(x,y) = 5y - x^3y^2$일 때 $grad\, f(x,y)$를 구하여라.

33 공간상의 한 점에서의 위치벡터가 $\vec{R} = x\vec{i} + y\vec{j} + z\vec{k}$일 때 $\nabla(\dfrac{1}{R})$을 벡터 $\vec{R}$의 단위벡터 $\vec{a}_R$을 사용하여 나타내시오.

34 공간상의 한 점에서의 위치벡터가 $\vec{R} = x\vec{i} + y\vec{j} + z\vec{k}$일 때 $grad\,\vec{R}$의 값을 구하시오.

35 공간상의 한 점에서의 위치벡터가 $\vec{R} = x\vec{i} + y\vec{j} + z\vec{k}$일 때 $div\,\vec{R}$의 값을 구하시오.

36 벡터가 $\vec{r} = x\vec{i} + y\vec{j} + z\vec{k}$ 일 때 $rot\,\vec{r}$의 값을 구하시오.

37 벡터 장 $\vec{A} = xz^3\vec{i} - 2x^2y\vec{j} + 2yz^4\vec{k}$ 에 대하여 점 (1, -1, 1)에서의 $rot\ \vec{A}$ 의 값을 구하시오.

38 벡터함수 $f = xyz(\vec{a_x} + \vec{a_y} + \vec{a_z})$에 대한 발산을 계산하시오.

39 $f = xyz$, $\vec{a} = x\vec{i} + y\vec{j} + z\vec{k}$일 때 점 (1, 1, 1)에서의 $div(f\vec{a})$를 계산하시오.

40 $\vec{F} = xyz\,\vec{i} + x^2yz^2\vec{j} + yz^3\vec{k}$일 때 $\vec{F}$의 발산을 구하시오.

41 $\vec{A} = xyz(\vec{i} + \vec{j} + \vec{k})$일 때 $div\ \vec{A}$를 구하시오.

42 $\vec{A} = 3x\vec{i} + 2y^2\vec{j} + 4z\vec{k}$일 때 $\nabla \cdot \vec{A}$를 구하시오.

43 $\vec{A} = x^2z\vec{i} - 2y^3z\vec{j} + xy^2z\vec{k}$에 대하여 점 (1, -1, 1)에서의 $\nabla \cdot \vec{A}$를 구하시오.

44 직각좌표계에서 $\vec{A}$의 각 성분이 $A_x = ax + b$, $A_y = by + c$, $A_z = cz + d$ 일 때 $div\ \vec{A}$를 구하시오.

45 $\vec{A} = xz^3\vec{i} - 2x^2yz\vec{j} + 2yz^4\vec{k}$일 때 $curl\ \vec{A}$를 구하시오.

46 $\vec{A}=(axy-z^3)\vec{i}+(a-2)x^2\vec{j}+(1-a)xz^2\vec{k}$의 회전의 값이 항상 0이 되도록 하는 a의 값은 얼마인가?

47 $\vec{A}=y\vec{i}-x\vec{j}$의 회전은 얼마인가?

48 $\vec{A}=-y\vec{i}+x\vec{j}$인 벡터에 대하여 발산과 회전을 구하고 의미를 설명하시오.

49 $f=(x+2y)^2+\cos(2y-z)$인 스칼라 함수에 대한 라플라시안(Lplacian)을 구하시오.

50 퍼텐셜이 $f=x^2+y^2+2z$로 표시될 때 $\nabla^2 f$를 구하시오.

51 원통좌표계에서 자계의 세기를 나타내는 벡터가 $\vec{H}=-\frac{1}{4}\rho^2\vec{a}_z$로 표시될 때 $\vec{H}$에 대한 회전을 구하시오.

52 구좌표계에서 $\vec{A}=10\sin\theta\,\vec{a}_\theta$일 때 $\nabla\times\vec{A}$를 구하시오.

53 $grad(fg)=g\,grad f+f\,grad g$, 즉 $\nabla(fg)=g\nabla f+f\nabla g$임을 증명하여라.

54 $\nabla\cdot\nabla\phi=\nabla^2\phi$임을 증명하여라.

55 두 점 P1(x1, y1, z1), P2(x2, y2, z2)를 지나는 직선의 방정식을 구하여라. 단, P1, P2의 위치벡터를 각각 $\vec{r}_1, \vec{r}_2$ 라 한다.

56 점 P(2, 1, 3)에서 $\phi(x, y, z) = 2x^2 + 3y^2 + z^2$의 $\vec{a} = \vec{i} - 2\vec{k}$ 방향의 방향도함수를 구하여라.

57 매개방정식이 $x = e^{-t}$, $y = 2\cos 3t$, $z = 2\sin 3t$인 곡선을 따라 움직이는 질점이 있다. 임의의 시간에서의 질점의 속도와 가속도를 구하여라.

58 질점이 0.01(s) 간에 점 A(1, 4, 2)에서 점 B(5, 2, 3)까지 움직였을 때 속도와 속도의 크기를 구하시오.

59 한 질점이 $\vec{F} = 5\vec{i} + 10\vec{j} + 15\vec{k}$의 힘을 받아서 점 (1, 0, 3)에서 점 (3, −1, 6)까지 이동했을 때 힘이 한 일을 구하시오. 단, 단위는 생략함.

60 원통좌표계의 한 점 $P(\rho, \phi, z)$를 직각좌표계로 변환하려 할 때 변수 x, y, z를 ρ, ϕ, z로 나타내시오.

61 직각좌표계의 한 점 $P(x, y, z)$를 원통좌표계로 변환하려 할 때 변수 ρ, ϕ, z를 x, y, z로 나타내시오.

62 원통좌표계의 한 점 $P(\rho, \phi, z)$에서의 단위벡터 $\vec{a}_\rho, \vec{a}_\phi, \vec{a}_z$에 대한 다음 연산을 하여라.

1) $\vec{a}_\rho \times \vec{a}_\phi$

2) $\vec{a}_z \times \vec{a}_\phi$

3) $\vec{a}_\rho \times \vec{a}_z$

63 원통좌표계로 표시되는 벡터 $\vec{A} = A_\rho \vec{a}_\rho + A_\phi \vec{a}_\phi + A_z \vec{a}_z$를 직각좌표계로 바꾸어 나타내려 할 때 직각좌표계의 성분A_x, A_y, A_z를 원통좌표계의 성분 A_ρ, A_ϕ, A_z를 이용하여 나타내시오.

64 구좌표계의 한 점 $P(r, \theta, \phi)$를 직각좌표계로 변환하려 할 때 변수 x, y, z를 r, θ, ϕ로 나타내시오.

65 직각좌표계의 한 점 $P(x, y, z)$를 구좌표계로 변환하려 할 때 변수 r, θ, ϕ를 x, y, z로 나타내시오.

66 직각좌표계로 표시되는 벡터 $\vec{A} = A_x \vec{a}_x + A_y \vec{a}_y + A_z \vec{a}_z$를 구각좌표계의 벡터 $\vec{A} = A_r \vec{a}_r + A_\theta \vec{a}_\theta + A_\phi \vec{a}_\phi$로 바꾸어 나타내려 할 때 구좌표계의 성분 A_r, A_θ, A_ϕ를 직각좌표계의 성분A_x, A_y, A_z를 이용하여 나타내시오.

67 구좌표계로 표시되는 벡터가 $\vec{H} = -5\vec{a}_r + 0.043\vec{a}_\theta + 100\vec{a}_\phi$ 일 때 $\vec{H} \times \vec{a}_\theta$와 그 결과 값의 단위벡터 $\vec{u}$를 구하시오.

68 원통좌표계로 표시되는 두 개의 벡터 $\overrightarrow{A}=\rho d\phi\overrightarrow{a_\phi}$, $\overrightarrow{B}=-\rho\overrightarrow{a_\rho}+h\overrightarrow{a_z}$가 있을 때 두 벡터의 외적 $\overrightarrow{A}\times\overrightarrow{B}$를 구하시오.

69 구좌표계에서 변수가 (r,θ,ϕ)인 경우 미소체적 dV를 쓰시오.

70 벡터 $\overrightarrow{A}=2x\,\overrightarrow{i}+3y\,\overrightarrow{j}+4z\,\overrightarrow{k}$일 때 $\int\overrightarrow{A}\cdot d\overrightarrow{S}$의 값을 구하여라. 단, S는 원점을 중심으로 하는 반지름 1인 구의 바깥 면적이다.